Céline Bonnet

Signalisation pro-apoptotique des récepteurs Unc5H et tumorigenese

AF280318

Céline Bonnet

Signalisation pro-apoptotique des récepteurs Unc5H et tumorigenese

Identification de nouveaux partenaires de signalisation apopotique liés aux récepteurs à dépendance Unc5H

Presses Académiques Francophones

Impressum / Mentions légales

Bibliografische Information der Deutschen Nationalbibliothek: Die Deutsche Nationalbibliothek verzeichnet diese Publikation in der Deutschen Nationalbibliografie; detaillierte bibliografische Daten sind im Internet über http://dnb.d-nb.de abrufbar.
Alle in diesem Buch genannten Marken und Produktnamen unterliegen warenzeichen-, marken- oder patentrechtlichem Schutz bzw. sind Warenzeichen oder eingetragene Warenzeichen der jeweiligen Inhaber. Die Wiedergabe von Marken, Produktnamen, Gebrauchsnamen, Handelsnamen, Warenbezeichnungen u.s.w. in diesem Werk berechtigt auch ohne besondere Kennzeichnung nicht zu der Annahme, dass solche Namen im Sinne der Warenzeichen- und Markenschutzgesetzgebung als frei zu betrachten wären und daher von jedermann benutzt werden dürften.

Information bibliographique publiée par la Deutsche Nationalbibliothek: La Deutsche Nationalbibliothek inscrit cette publication à la Deutsche Nationalbibliografie; des données bibliographiques détaillées sont disponibles sur internet à l'adresse http://dnb.d-nb.de.
Toutes marques et noms de produits mentionnés dans ce livre demeurent sous la protection des marques, des marques déposées et des brevets, et sont des marques ou des marques déposées de leurs détenteurs respectifs. L'utilisation des marques, noms de produits, noms communs, noms commerciaux, descriptions de produits, etc, même sans qu'ils soient mentionnés de façon particulière dans ce livre ne signifie en aucune façon que ces noms peuvent être utilisés sans restriction à l'égard de la législation pour la protection des marques et des marques déposées et pourraient donc être utilisés par quiconque.

Coverbild / Photo de couverture: www.ingimage.com

Verlag / Editeur:
Presses Académiques Francophones
ist ein Imprint der / est une marque déposée de
OmniScriptum GmbH & Co. KG
Heinrich-Böcking-Str. 6-8, 66121 Saarbrücken, Deutschland / Allemagne
Email: info@presses-academiques.com

Herstellung: siehe letzte Seite /
Impression: voir la dernière page
ISBN: 978-3-8416-3409-2

Zugl. / Agréé par: Lyon, Université Lyon 1, 2010

Table des matières

L'apoptose est un phénomène de mort cellulaire essentiel au bon fonctionnement d'un organisme. En effet, au cours du développement embryonnaire, l'apoptose intervient dans la morphogenèse en permettant l'élimination des cellules surnuméraires telles que les cellules des espaces interdigitaux chez l'Homme ou bien encore les cellules présentes dans la future lumière des organes creux comme les vaisseaux sanguins. Chez l'adulte, l'apoptose permet de maintenir l'intégrité de l'organisme en éliminant toute cellule présentant un danger potentiel celui-ci : cellules infectées par des microorganismes ou bien encore cellules présentant des dommages irréparables au niveau protéique ou ADN. Ce rôle de « surveillance de l'organisme » est souligné par le fait que les dérégulations de l'apoptose sont à l'origine de pathologies graves. En effet, l'absence d'apoptose peut être à l'origine des cancers : les cellules ayant perdu leur aptitude à mourir accumulent les dommages à l'ADN liés aux agressions environnementales ce qui favorise la mutagenèse et donc la transformation tumorale. Afin de développer des traitements anti-cancer, il est indispensable de comprendre les mécanismes intracellulaires conduisant à l'apoptose et leur inhibition en condition tumorale.

A l'heure actuelle, on distingue 3 grands types de signalisation capables d'indure l'apoptose : la voie mitochondriale, la voie des récepteurs de mort et enfin la voie des récepteurs à dépendance plus récemment décrite. Ces 3 signalisations se distinguent par les principaux stimuli qui les induisent qui sont respectivement la perforation de la membrane mitochondriale, la fixation d'un ligand sur les récepteurs de mort ou bien au contraire l'absence de ligand sur les récepteurs à dépendance. En dehors de cette initiation de l'apoptose différente pour les trois mécanismes, ces trois voies déclenchent des cascades de signalisation présentant des effecteurs spécifiques mais aussi des effecteurs communs. En effet, le point commun à l'ensemble des voies de signalisation pro-apoptotique est l'activation de protéases particulières, les caspases, qui vont cliver de nombreux substrats cellulaires aboutissant *in fine*, à la dislocation des cellules en corps apoptotiques, sortes de vésicules englobant le contenu cellulaire. *In vivo*, ce processus est totalement « silencieux » : il n'induit pas de réaction inflammatoire car les corps apoptotiques englobent le contenu cellulaire et sont éliminés grâce aux macrophages par phagocytose.

Les premières thérapies ciblées anti-cancéreuses ont été développées sur la base de la signalisation des récepteurs de mort dérégulée dans certains cancers. Un exemple est l'utilisation d'une protéine agoniste de TRAIL (*TNF-Related Apoptosis-Inducing Ligand*), le ligand des récepteurs de mort TRAIL-R1 et R2, pour forcer la mort des cellules tumorales. En effet, il a été montré que certaines tumeurs expriment fortement les récepteurs de TRAIL au contraire des cellules normales et que leur traitement par ces agonistes en combinaison ou non avec une radiothérapie induit une apoptose des cellules tumorales *in vitro* (Marini et al., 2009; Sheridan et al., 1997). Toutefois, la plupart des tumeurs se sont avérées résistantes à ces agonistes parce qu'elles expriment des récepteurs leurres ou « decoy receptor » : TRAIL-R3 et TRAIL-R4 (Sanlioglu et al., 2007; Sheikh et al., 1999). Ces leurres ont la même affinité que TRAIL-R1 et TRAIL-R2 pour TRAIL (ou ses agonistes) mais n'ont aucune activité pro-apoptotique car ils sont dépourvus de domaine intracellulaire – domaine indispensable à la transduction du signal apoptotique. Ainsi, ces récepteurs leurres titrent les agonistes de TRAIL et protègent les cellules tumorales de l'apoptose. Il est donc indispensable de mieux décrire l'ensemble des voies de signalisation apoptotiques pour trouver de nouvelles cibles thérapeutiques et améliorer l'efficacité des traitements actuels. A ce jour, les acteurs impliqués dans la voie mitochondriale et la voie des récepteurs de mort sont bien décrits ce qui n'est pas le cas pour la voie des récepteurs à dépendance.

Notre laboratoire s'intéresse à la voie de signalisation pro-apoptotique la moins caractérisée et qui pourrait donc offrir de nouvelles perspectives de traitement : la voie des récepteurs à dépendance. Parmi eux, les récepteurs DCC (*Deleted in Colorectal Carcinoma*) et la famille des récepteurs UNC5H (*Uncoordinated 5 Homologous*) - composée des membres UNC5H1, UNC5H2, UNC5H3 et UNC5H4- qui fixent tous le même ligand la Nétrine-1, présentent un intérêt tout particulier car il a été montré qu'ils avaient un rôle dans le contrôle de la tumorigenèse. En effet, les études menées dans notre laboratoire ont révélé que la perte de fonction apoptotique des récepteurs à dépendance DCC et UNC5H3 par LOH (*Loss Of Heterozygoty*), par méthylation du promoteur ou bien par surexpression de leur ligand la Nétrine-1 étaient des éléments prédisposant retrouvés dans les cancers du colon et prédisposant également à la tumorigenèse intestinale/colorectale chez la souris (Bernet et al., 2007; Mazelin et al., 2004; Paradisi et al., 2009; Thiebault et al., 2003). Ces observations ont conduit le laboratoire à s'intéresser à l'expression et au rôle des récepteurs DCC, UNC5H et de la Nétrine-1 dans les autres cancers humains.

Dans un objectif thérapeutique visant à restaurer l'apoptose induite par les récepteurs DCC et UNC5H dans les cellules cancéreuses, nous avons cherché à identifier les cancers présentant une dérégulation de la mort liée à une surexpression de la Nétrine-1. En effet, l'avantage des récepteurs à dépendance est que le ligand jouant le rôle de facteur de survie tumoral, est accessible et donc plus facile à cibler en comparaison avec les récepteurs à dépendance souvent mutés ou perdus.

Alors que seulement 10% des patients atteints de cancers colorectaux présentent un gain de Nétrine-1, la plupart des cancers du sein métastatique, des cancers pulmonaires non à petites cellules et des neuroblastomes de stade 4 sont concernés (Delloye-Bourgeois et al., 2009a; Delloye-Bourgeois et al., 2009b; Fitamant et al., 2008). Dans ces tumeurs, nous avons montré que l'on pouvait bloquer la Nétrine-1 et ainsi rétablir efficacement les voies de signalisation pro-apoptotique induites par les récepteurs à dépendance DCC et UNC5H.

En parallèle, nous nous sommes également intéressés à l'identification des acteurs des voies de signalisation permettant aux récepteurs UNC5H et DCC d'induire l'apoptose et donc d'exercer leur rôle dans le contrôle de la tumorigenèse, ces acteurs pouvant devenir des nouveaux marqueurs ou de nouvelles cibles pour des thérapies anti-cancer.

Dans ce mémoire je détaillerai dans une première partie bibliographique le fonctionnement de l'ensemble des voies pro-apoptotiques : voie mitochondriale, voie des récepteurs de mort et plus largement celle des récepteurs à dépendance. Je décrirai les dérégulations de ces voies associées aux cancers et les premières thérapies ciblées développées. Dans une deuxième partie je présenterai les résultats que j'ai obtenus au cours de ma thèse. Un premier chapitre sera consacré à l'étude du rôle de la Nétrine-1 dans les cancers mammaires et pulmonaires et au développement d'une nouvelle thérapie ciblée utilisant un peptide leurre capable de titrer la Nétrine-1. Un second chapitre sera axé sur la partie principale de mon travail qui a consisté à caractériser par un crible ARN interférence d'autres acteurs impliqués dans les voies de signalisation pro-apoptotique des récepteurs à Nétrine-1 UNC5H. J'exposerai les résultats obtenus grâce à ce crible et notamment la mise en évidence de la protéine phosphatase PP2A, initialement décrite pour réguler la voie mitochondriale et la voie induite par les récepteurs de mort. Je montrerai comment nous avons caractérisé le rôle essentiel de PP2A dans la signalisation pro-apoptotique du récepteur UNC5H2 et vérifié la relevance de ce résultat *in vitro* et *in vivo*. Enfin, je discuterai l'ensemble de ces résultats et exposerai les perspectives qui en découlent en termes de compréhension des voies de signalisation pro-apoptotique et de thérapies.

Chapitre I : Les voies de signalisation apoptotiques intrinsèques et extrinsèques et les thérapies anti-cancéreuses associées

I.   Les traits communs des voies apoptotiques : les caspases

A.   *Définition et structure :*

La caractéristique majeure de l'apoptose est l'activation de protéases à cystéines : les caspases (*Cysteine-dependent ASPartate-specific proteASE*). Ces enzymes sont capables de cliver leur substrat protéique après un acide aspartique inclus dans un motif de 4 acides aminés. La famille des caspases comprend des membres pro-apoptotiques (caspases 2, 3, 6, 7, 8, 9 et 10) ainsi que des membres pro-inflammatoires (caspases 1, 4, 5, 11 et 12) que nous ne traiterons pas ici – pour revue (Pop and Salvesen, 2009).

Les caspases peuvent être classées en deux catégories selon leur structure, leur chronologie d'activation au cours de l'apoptose, leur mode d'activation et leur substrat : les caspases initiatrices et les caspases effectrices (figure 1).

En absence de stimulus pro-apoptotique, les caspases sont présentes dans le cytoplasme à l'état de procaspase (ou zymogène) avec une activité réduite. Ces procaspases sont constituées d'un domaine court : p10, d'un domaine long : p20 et d'un prodomaine dont la longueur est variable. En effet, alors que le prodomaine des procaspases effectrices est très court et ne comporte pas de domaine particulier, le prodomaine des procaspases initiatrices comporte des domaines nécessaires à leur recrutement et à leur activation au sein de complexes pro-apoptotiques : un domaine CARD (*CAspase Recruitment Domain*) ou deux domaines DED (*Death Effector Domain*) (figure 1).

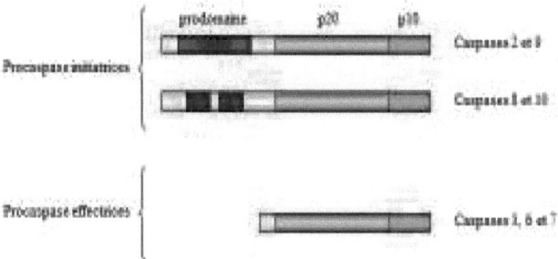

Figure 1 : Structure et classification des procaspases

Les caspases initiatrices et effectrices ont des structures différentes et se distinguent par leur prodomaine qui peut être très court et dépourvu de domaine particulier (procaspases effectrices), ou bien associé d'un domaine CARD ou de deux domaines DED (procaspases initiatrices).

B. *Les caspases initiatrices (2, 8, 10 et 9)*

La famille des caspases initiatrices comporte les caspases 2, 8, 10 et 9. Les caspases initiatrices sont activées précocement au cours de l'apoptose dans des complexes protéiques spécifiques à différents stimuli apoptotiques : le DISC (caspases 8, 10 et 2), le PIDDosome (caspase 2), et l'apoptosome (caspase 9) (figure 2).

Le **DISC** (*Death Inducing Signaling Complex*) se forme suite à la fixation du ligand sur les récepteurs de mort transmembranaires. Les récepteurs de mort vont alors recruter par interaction homotypique via leur domaine de mort ou « *Death Domain* » (DD), de nombreuses protéines adaptatrices dont la protéine FADD (*Fas Associated Death Domain*) qui va à son tour recruter au sein du DISC les procaspase 8 et 10 via leur domaine DED (Schraven and Peter, 1995) (figure 2).

9

Le **PIDDosome** se forme dans le cytosplasme suite à des dommages à l'ADN et est constitué des protéines PIDD (*P53 Induced Protein with a Death Domain*) et RAIDD (*RIP associated protein with a Death Domain*) (figure 2). Ces deux protéines interagissent entre elles via leur domaine de mort et RAIDD permet le recrutement de la procaspase 2 par interaction entre leurs domaines CARD respectifs (Tinel and Tschopp, 2004). Ce modèle d'activation de la caspase 2, responsable de la mort des cellules ayant subit des dommages à l'ADN, a été remis en cause récemment par l'inactivation par recombinaison homologue (Knock Out) de PIDD réalisé chez la souris. En effet, les souris PIDD$^{-/-}$ ne présentent pas de déficiences particulières. En outre, l'activation de la caspase 2 après irradiation est similaire entre les cellules de différents tissus PIDD$^{-/-}$ et les cellules sauvages. Il existe donc un mécanisme d'activation de la caspase 2 PIDDosome indépendant (Manzl et al., 2009). De manière intéressante, il a récemment été montré que des dommages à l'ADN via l'induction de p53 peuvent également entraîner la formation d'un DISC impliquant le récepteur de mort Fas indépendamment de son ligand. P53 activerait le gène *fas* et cette néoproduction permettrait la formation d'un DISC particulier permettant le recrutement et l'activation de la caspase 8 mais aussi de la caspase 2 (Olsson et al., 2009). Il semble donc que le PIDDosome et le DISC participent à l'activation de la caspase 2 en cas de dommages à l'ADN.

L'apoptosome quant à lui se forme suite à la perforation de la membrane mitochondriale entraînant la libération cytosolique du cytochrome C. Ce dernier va s'associer à la protéine Apaf-1 formant un complexe heptamèrique (constitué de 7 sous-unités similaires) permettant le recrutement d'ATP et de la procaspase 9 (Yu et al., 2005) (figure 2).

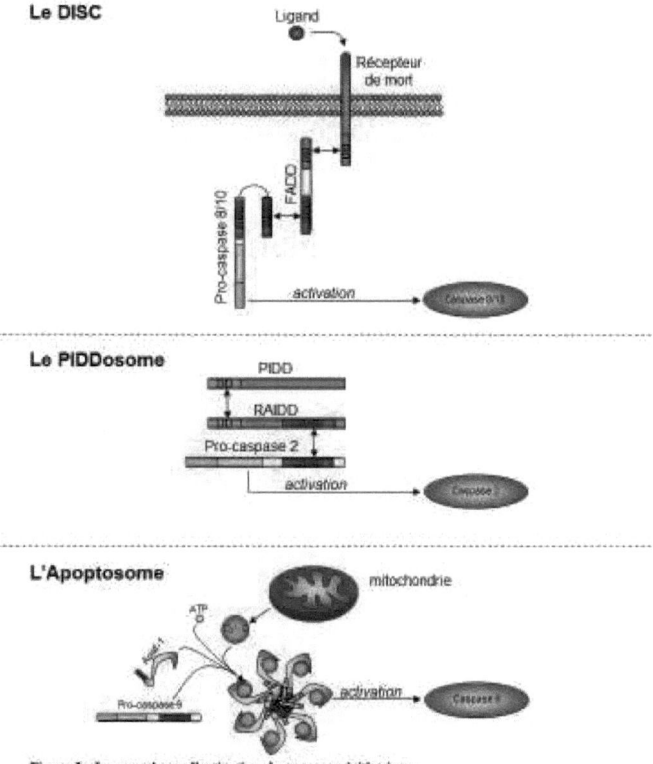

Figure 2 : Les complexes d'activation des caspases initiatrices
Les caspases initiatrices 2, 8, 9 et 10 sont activées au sein de trois complexes différents. Les caspases 8 et 10 sont activées par le Death Inducing Signalling Complex ou DISC, la caspase 2 est activée par le PIDDosome et enfin la caspase 9 est activée grâce à la formation d'un complexe heptamérique l'apoptosome.

Dans ces 3 complexes, la modalité d'activation des procaspases 2, 8/10 et 9 n'est pas claire. Une hypothèse est que les procaspases n'ont pas une activité totalement nulle et que leur concentration locale suffit à entraîner leur activation (activation allostérique). Elles peuvent être clivées (activation par protéolyse) mais ce n'est de manière générale pas un mécanisme indispensable à leur activation. En effet, la caspase 2 a la même activité sous sa forme zymogène que sous sa forme mâture au sein du PIDDosome (Tinel and Tschopp, 2004).

C.   *Les caspases effectrices (3, 6, 7)*

Les caspases initiatrices actives vont activer à leur tour la seconde famille de caspases : les caspases effectrices (caspases 3, 6 et 7). Ces dernières peuvent être activées par clivage et dimérisation de manière directe via l'intervention de la caspase initiatrice 9 ou bien indirectement après induction de la voie mitochondriale par la caspase 2 via le clivage de protéines mitochondriales appartenant à la famille Bcl-2 (voir paragraphe III.B. p15) (figure 3). Les caspases 8 et 10 quant à elles sont capables selon le type cellulaire d'activer directement les caspases effectrices (dans les cellules dites de type I telles que les lymphocytes) ou bien d'activer préalablement la voie mitochondriale via le clivage de protéines de la famille Bcl-2 (dans les cellules dites de type II telles que les hépatocytes et les cellules ß pancréatiques) (Kaufmann et al., 2007; McKenzie et al., 2008; Scaffidi et al., 1998; Yin et al., 1999). Deux hypothèses peuvent expliquer la différence d'activation des caspases 8 et 10 entre les cellules de type I et les cellules de type II. (i) Un recrutement faible de la protéine FADD dans les cellules de type II, aurait pour conséquence une activation des procaspases 8/10 insuffisante à l'induction directe des caspases effectrices. L'induction de la voie mitochondriale par les caspases 8/10 jouerait le rôle d'amplificateur intermédiaire en permettant la formation de l'apoptosome et l'activation des caspases effectrices par la caspase 9 (Scaffidi et al., 1998). (ii) Une étude plus récente suggère qu'une protéine inhibitrice de l'activité des caspases : XIAP (mécanisme d'action détaillé dans le paragraphe I.E, p10), est responsable de la différence d'activation des caspases effectrices entre les cellules de type I et de type II. La protéine XIAP est exprimée de manière similaire dans les deux types cellulaires, cependant suite à l'induction de la voie des récepteurs de mort une augmentation significative de XIAP associée à une inhibition partielle de l'activité des caspases 8/10 et de la caspase 3 est observée dans les cellules de type II (Jost et al., 2009). Au contraire, suite à la formation du DISC, XIAP diminue dans les cellules de type I et les caspases 8/10 et 3 sont fortement et rapidement activées. Par ailleurs, les souris déficientes pour XIAP ont des cellules hépatiques plus sensibles à l'apoptose induite par l'injection du ligand FasL en comparaison avec des souris sauvages ; alors qu'aucune différence notable de sensibilité n'apparaît entre les thymocytes des deux souches de souris. XIAP protègerait donc les cellules hépatiques contre l'apoptose médiée par les récepteurs Fas en limitant l'activation des caspases 8/10. Cette faible activité des caspases initiatrices 8/10 est insuffisante pour induire directement la caspase 3 mais suffisante pour induire la voie mitochondriale et donc pour conduire *in fine* à l'apoptose (Jost et al., 2009).

Les caspases effectrices activées, via la dégradation de différents substrats vont stopper la machinerie cellulaire (arrêt du métabolisme, du cycle cellulaire et de la différenciation) et induire l'apoptose. Leurs cibles principales interviennent dans le maintien de la structure cellulaire et sont des protéines de synthèse et de réparation de l'ADN (PARP1, DNA-PKC, Topoisomérase I, CAD), des protéines du cytosquelette (Gelsoline, Vimentine, Cytokératine 18, ROCK-1, Gas-2, Fodrine, Plectine, PAK2), des protéines de structure nucléaire (NuMa, Lamines, Mdm2, Cas), et des protéines d'adhésion cellulaire (ß-caténine, kinase d'adhésion focale) (figure 3). Ainsi, le clivage de l'ensemble de ces protéines par les caspases va entraîner un détachement de la cellule de la matrice extracellulaire et des cellules voisines aboutissant *in fine* à la déstructuration nucléaire et cellulaire et à la formation de corps apoptotiques (Lavrik et al., 2005).

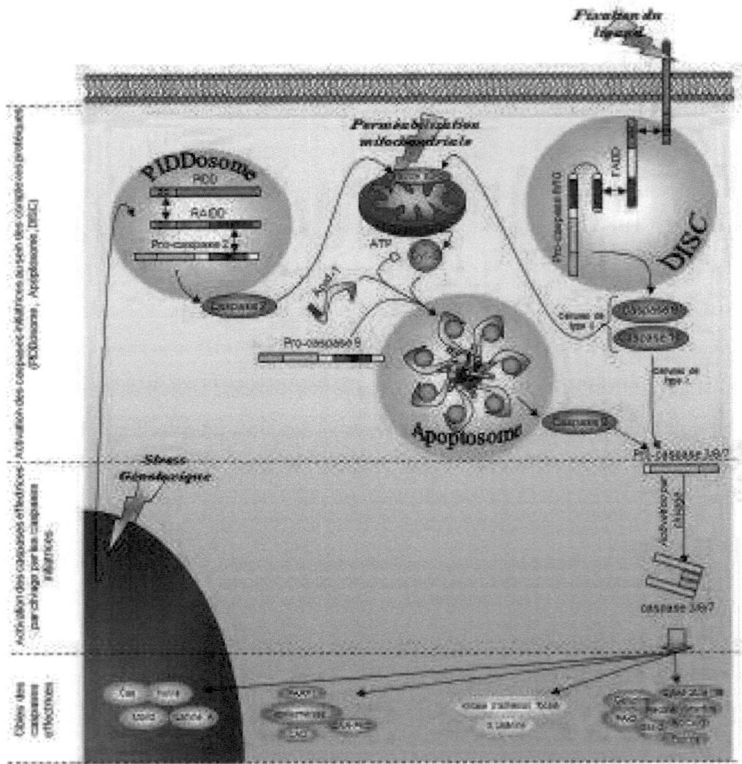

Figure 3 : Cascade d'activation des caspases

Suite à l'induction de l'apoptose par différents stimuli, les caspases initiatrices sont activées par 3 complexes distincts : Le PIDDosome en cas de stress génotoxique, le DISC après fixation de ligand sur les récepteurs de mort et l'Apoptosome suite à la perméabilisation de la membrane mitochondriale externe. Les caspases 2, 8/10 et 9 activées vont à leur tour activer par clivage les caspases effectrices 3, 6 et 7 qui vont dégrader différents substrats et conduire à l'apoptose.

D.   *Les autres protéases pro-apoptotiques*

Le clivage et l'activation des caspases impliquent également des protéases accessoires : les calpaïnes et les cathepsines. Les calpaïnes seraient activées suite à un influx calcique provoqué par la dégradation des transporteurs ioniques des organelles tels que la mitochondrie au cours du processus apoptotique (Gafni et al., 2009). Les cathepsines quant à elles, sont des protéases d'origine lysosomale transloquées dans le cytosol en cas d'induction de la voie des récepteurs de mort (Foghsgaard et al., 2001). Ces deux classes de protéases ont également pour substrats les procaspases effectrices et peuvent contribuer à leur activation au cours de l'apoptose amplifiant ainsi le signal apoptotique (Gafni et al., 2009; Pratt et al., 2009).

        E.   *Régulateurs centraux de l'activité des caspases : IAP et Smac/Diablo*

      Les IAPs ou *Inhibitor of Apoptosis Protein* sont des protéines inhibitrices des caspases initialement identifiées chez les baculovirus et classées en trois groupes en fonction de leur nombre de domaine BIR (*Baculoviral IAP Repeat*). La première classe composée des membres XIAP, cIAP1, cIAP2, ILP-2 and ML-IAP se caractérise par trois domaines BIR et une région en doigt de zinc. La protéine NAIP appartient à la deuxième classe d'IAP et est uniquement constituée de trois domaines BIR. Enfin, la troisième classe d'IAP est définie par un domaine BIR partiel et comprend la Survivine et BRUCE.

      Il a été montré que la surexpression des IAPs était à l'origine du blocage de l'activation des caspases *in vitro* et *in vivo* (Hay et al., 1995; Salvesen and Duckett, 2002; Xue and Horvitz, 1995). Toutefois, le mécanisme responsable de cette activité anti-apoptotique est assez mal connu. Les deux IAPs les mieux caractérisées *in vitro* sont XIAP et la Survivine sans doute parce que ces deux protéines sont fréquemment surexprimées dans les cancers et présentent donc un intérêt thérapeutique particulier. Outre le rôle régulateur de XIAP dans l'apoptose médiée par les récepteurs de mort dans les cellules de type I et II (Jost et al., 2009) (voir paragraphe I.Cp9), il a été montré que la surexpression de XIAP et de la Survivine entraînait l'inhibition des caspases 3, 7 et 9 via une interaction directe entre les domaines BIR des IAPs et les procaspases (Chai et al., 2001; Shin et al., 2001). Les IAPs permettraient ainsi d'éviter une induction aspécifique de l'apoptose.

      Par ailleurs, il a été montré que XIAP est capable d'interagir avec la caspase 9 clivée/active au sein même de l'apoptosome et de moduler son activité. En effet, des expériences de gel filtration confirmées par des co-immunoprécipitations révèlent que la caspase 9 active associée à Apaf-1 interagit avec XIAP. De plus, cette association avec XIAP entraîne une inhibition de l'activation en aval de la caspase 3 (Srinivasula et al., 2001). Ainsi, les IAPs contrôlent l'activation des procaspases mais sont également capables de réguler l'activité des caspases actives.

Au contraire, lorsque les cellules sont exposées à un stimulus pro-apoptotique, un dimère de protéines mitochondriales : Smac/DIABLO est libéré dans le cytosol et entre en compétition directe avec les caspases au niveau des domaines BIR des IAPs (Wu et al., 2000) (Chai et al., 2000). *In fine*, Smac/DIABLO fixe les IAPs et permet la libération des procaspases puis leur activation au sein des complexes précédemment cités. Smac/DIABLO déplace également XIAP lorsqu'elle est fixée à la caspase 9 au sein de l'apoptosome et permet ainsi l'activation des caspases effectrices.

Les deux complexes majeurs impliqués *in vitro* et *in vivo* dans l'activation des caspases sont le DISC et l'apoptosome. Nous allons nous intéresser plus particulièrement à leur modalité de formation suite à l'induction de la voie des récepteurs de mort (voie extrinsèque) et de la voie mitochondriale (voie intrinsèque).

II. Modalité de formation du DISC : voie extrinsèque ou voie des récepteurs de mort

A. *La superfamille des récepteurs au TNF et leur ligand*

Les récepteurs de mort appartiennent à la superfamille des récepteurs au TNF (*Tumor Necrosis Factor*) et comportent TNF-R1 (*Tumor Necrosis Factor Receptor 1*), TNF-R2, Fas, DR3 (*Death Receptor 3*), DR6, TRAIL-R1 (*TNF Related Apoptosis Inducing Ligand Receptor 1*), TRAIL-R2, EDAR et p75^{NTR} (*p75 Neurotrophin receptor*) qui sont des protéines transmembranaires de type II à activité pro-apoptotique. Par ailleurs, ces récepteurs partagent la même structure : tous sont muni d'un domaine de mort en C Terminal (à l'exception de TNF-R2) et de domaines riches en cystéines sur leur partie extracellulaire (French and Tschopp, 2003; Wajant, 2003) (figure 4).

Au sein de cette superfamille des récepteurs au TNF, on distingue la classe des récepteurs leurres (ou *Decoy Receptor*) composée des membres : TRAIL-R3, TRAIL-R4 et DcR3 et l'Ostéoprotégérine (OPG). Ces derniers n'ont pas de domaine intracellulaire et ne transduisent pas de signal apoptotique mais sont capables de fixer les même ligands que les récepteurs (Lavrik et al., 2005) (figure 4).

16

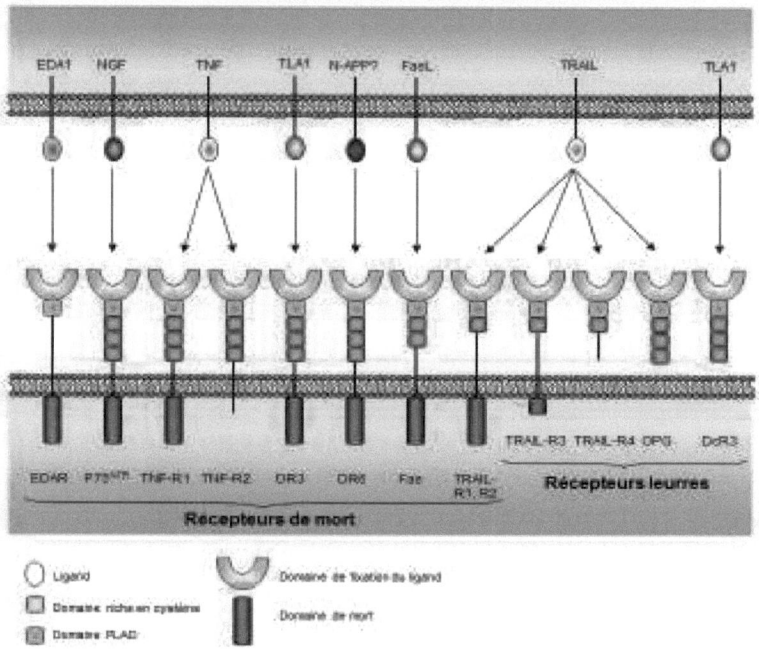

Figure 4 : Structure de la famille des récepteurs au TNF et ligands
Les récepteurs de mort sont constitués d'un domaine de fixation du ligand, de 1 à 4 domaines cystéines et d'un domaine de mort. Les ligands des récepteurs de mort peuvent exister sous deux formes solubles ou ancrés à la membrane de cellules adjacentes contre représentés ici.

Les ligands des récepteurs de mort et des récepteurs leurres sont EDA1, NGF, TNF, TL1A, FasL et TRAIL. Ces ligands sont synthétisés sous une forme membranaire mais peuvent être sécrétés sous l'action de métalloprotéases (figure 4) (Schulte et al., 2007). Il est à noter que le ligand du récepteur DR6 n'a pas été identifié. Toutefois, il a récemment été montré que DR6 était capable d'interagir avec la partie N-terminale d'un autre récepteur transmembranaire : N-APP (*beta Amyloid Precursor Protein*) et que cette interaction était capable d'induire l'activation des caspases 3 et 6 *in vitro* et *in vivo* sur différents types cellulaires tels que les neurones commissuraux (Nikolaev et al.,

2009). Les études futures montreront si la fixation de N-APP sur DR6 entraîne la formation d'un DISC à l'origine de l'activation des caspases.

B. Les DISC

Suite à la fixation du ligand, les récepteurs de mort s'homotrimérisent par interaction entre leur premier domaine N-Terminal riche en cystéine nommé PLAD (*PreLigand Assembly Domain*) et vont recruter les différentes protéines du DISC via leur domaine de mort. Les récepteurs de mort sont capables de former deux types de DISC. L'un est formé en une seule étape de recrutement (récepteurs Fas, TRAIL-R1 et TRAIL-R2) : suite à la fixation du ligand, le trimère de récepteurs recrute via ses domaines de mort la protéine FADD, les procaspases 8/10 et va permettre leur activation puis l'activation des caspases effectrices (figure 5).

Le second type de DISC (récepteurs TNF-R1, DR3 et DR6) se forme de manière séquentielle suite à l'association de deux séries de protéines adaptatrices formant le complexe de type I puis le complexe de type II (Lavrik et al., 2005) (figure 5) : après leur trimérisation les récepteurs recrutent tout d'abord via leur domaine de mort les protéines adaptatrices RIP (*Receptor Interacting Protein*), TRADD (*TNF-R Associated Death Domain protein*) ainsi que les protéines TRAF1 et TRAF2 (*TNF-R Associated Factor*). Ce complexe dit de type I est ensuite transloqué dans le cytosol où il s'associe avec FADD et les procaspases 8/10 formant le complexe de type II à l'origine de l'activation des caspases initiatrices (figure 5).

18

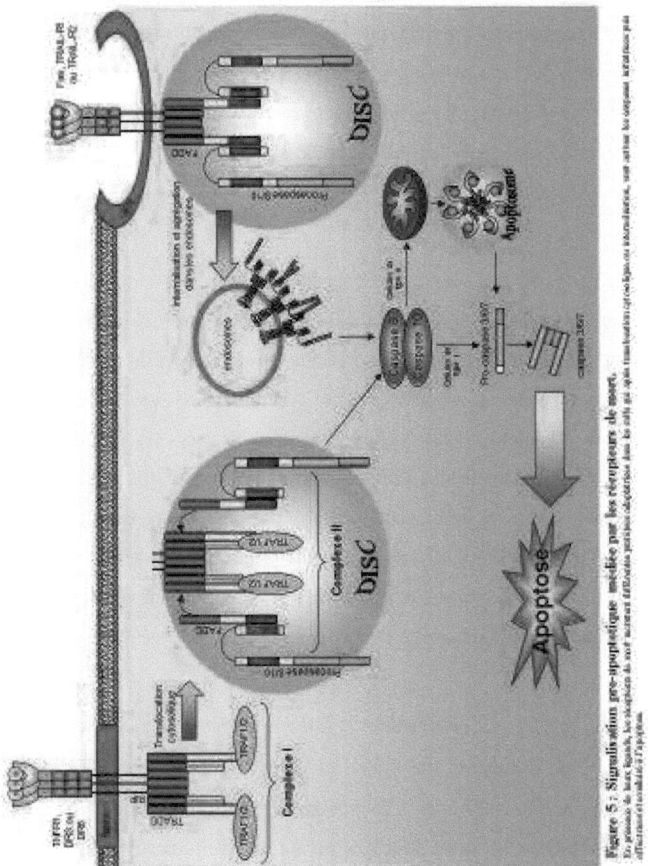

Figure 5 : Signalisation pro-apoptotique médiée par les récepteurs de mort.
En présence de leurs ligands, les récepteurs de mort induisent l'initiation du signal de mort qui, après translocation (protéolyse ou internalisation), va activer les caspases initiatrices qui effectuent et amplifient l'apoptose.

C. Importance des rafts dans l'activation des procaspases 8/10

Il a été montré que la translocation des DISC dans les « lipid rafts » (nommé également radeaux lipidiques et correspondants à des régions de la membrane plasmique riches en cholestérol et sphingolipides) était nécessaire à l'activation des procaspases 8/10.

En effet, il a été mis en évidence sur certains types cellulaires en culture que le trimère de TNF-R1 était, en présence de ligand, transloqué dans les rafts où il recrute les protéines adaptatrices (Lotocki et al., 2004). Par ailleurs, il a été montré que les

19

récepteurs Fas et TRAIL-R1 étaient palmitoylés et que cette modification post-traductionnelle augmentait l'activité pro-apoptotique de ces récepteurs en induisant leur translocation dans les rafts (Rossin et al., 2009). Cette localisation des DISC formés par les récepteurs Fas et TRAIL-R1 permettraient leur internalisation dans les endosomes ce qui concentrerait localement les procaspases 8/10 permettant leur activation massive (Eramo et al., 2004) (figure 5).

D.   *Rôle physiologique des récepteurs de mort*

Les récepteurs de mort n'étant pas exprimés de manière ubiquitaire, leur fonction est tissu-dépendante. Il est à noter que les récepteurs de mort ont des fonctions pro et anti-apoptotiques ce qui peut paraître contradictoire avec la définition même de ces récepteurs. Toutefois, les cellules (en particulier les cellules du système immunitaire) sont confrontées au même moment à de nombreux signaux (ceux médiés par les récepteurs de mort mais aussi tout un ensemble de signaux médié par d'autres cellules du système immunitaire tels que les Interleukines) qui vont activer ou inhiber différents régulateurs pro ou anti-apoptotiques des voies de signalisation induite par les récepteurs de mort (voir paragraphe IV p16) (Strasser et al., 2009).

1.   *Maturation et fonctionnement du système immunitaire*

Les récepteurs de mort et leurs ligands sont importants pour la différenciation, la maturation et l'activation des leucocytes au cours de la réponse immunitaire. Néanmoins, cette fonction ne serait pas toujours liée à l'induction de l'apoptose. En effet, il a été montré que le TNF pouvait avoir un double rôle sur les cellules exprimant TNF-R1, d'une part en induisant la mort des lymphocytes auto-réactifs mais aussi d'autre part en contribuant à la prolifération et donc à l'expansion clonale, au cours d'une infection, des lymphocytes ayant acquis une spécificité antigénique conduisant à leur différenciation en lymphocytes effecteurs (Micheau and Tschopp, 2003). De manière similaire, Fas et TRAIL-R1/2 interviennent dans la maturation et la sélection des lymphocytes T et B et ont un rôle dans la réponse immunitaire cytotoxique (élimination par apoptose des cellules infectées par des parasites intracellulaires par le couple FasL/Fas). Le récepteur DR6 quant à lui est impliqué dans la maturation des cellules dendritiques (DeRosa et al., 2008). Enfin, DR3,

Fas et leurs ligands respectifs TL1A et FasL sont connus pour participer à la stimulation des lymphocytes T au cours de la réponse immunitaire en agissant notamment sur les cellules dendritiques (Legge and Braciale, 2005; Migone et al., 2002).

2. *Contrôle de la tumorigenèse : Fas et TRAIL-R1/2*

Ces deux récepteurs auraient un rôle dans l'immunosurveillance tumorale. En effet, il a été montré que les cellules tumorales sont plus sensibles à l'apoptose médiée par TRAIL que les cellules normales (Wiley et al., 1995). De plus, les souris mutantes pour TRAIL ou Fas (Knock Out) développent plus fréquemment des tumeurs primaires et des métastases en comparaison avec des souris sauvages (Cretney et al., 2002; Nagata, 1996). Ce phénotype associé à la perte de TRAIL et Fas implique que ces deux protéines participent à l'induction spécifique de l'apoptose des cellules tumorales *in vivo*. Une explication vient du fait que les cellules NK (*Natural Killer*), les lymphocytes B, les monocytes et les cellules dendritiques sous certaines stimulations (en particulier par les interférons de type I et II) expriment le ligand TRAIL à leur surface et pourraient donc induire spécifiquement l'apoptose des cellules anormales dont les cellules tumorales (Fanger et al., 1999; Griffith et al., 1999; Holoch and Griffith, 2009). Récemment, il a été montré que FasL avait également une efficacité pro-apoptotique accrue à l'état membranaire par rapport à un état sécrété (LA et al., 2009). En outre, les souris exprimant uniquement une forme membranaire de FasL présentent une réduction de la tumorigenèse hépatique par rapport aux souris exprimant la forme sécrétée de FasL suggérant que FasL et TRAIL ont des modes d'action similaires dans le contrôle de la tumorigenèse (LA et al., 2009).

3. *Fonctions indépendantes du système immunitaire*

Plus récemment, il a été montré que certains récepteurs de mort étaient exprimés dans des tissus indépendants du système immunitaire et qu'ils y jouaient des rôles essentiels. Ainsi, le récepteur TNF-R1 est exprimé dans les cellules du colon et favorise leur survie (Edelblum et al., 2008). D'autre part, le récepteur DR3 participerait à la différenciation des ostéoblastes et à la régulation de l'angiogenèse (Borysenko et al., 2006; Yang et al., 2004). Enfin, le récepteur p75[NTR] se distingue des autres récepteurs de mort de part son rôle majeur dans le système nerveux. Il est en effet impliqué dans le contrôle de la mort des neurones du système sympathique et des motoneurones (Brennan et al., 1999; Wiese et al., 1999).

III. La voie mitochondriale ou voie intrinsèque

A. *Les stimuli induisant cette voie*

Les stimuli capables d'induire la voie intrinsèque sont variés. En effet, cette voie peut être induite soit de manière directe suite à des dommages mitochondriaux induits par des UV, un choc thermique ou bien une privation en facteur de croissance qui vont entraîner le relargage du cytochrome C, la formation de l'apoptosome et l'apoptose ; soit de manière indirecte comme nous l'avons vu précédemment suite à un stress génotoxique ou bien à l'induction de la voie des récepteurs de mort (en particulier dans les cellules de type II). Dans ce deuxième cas, l'induction de la voie mitochondriale est liée à l'activité des procaspases 8/10.

B. *De la voie extrinsèque à la voie intrinsèque : rôle des protéines Bcl-2*

La voie intrinsèque implique une famille de protéine particulière : les protéines de la famille Bcl-2 (*B-cell Lymphoma*) qui régulent la perméabilisation de la membrane externe de la mitochondrie. Cette famille comprend des protéines à fonction et structure variable (nombre de domaines BH pour *Bcl-2 Homology*) que l'on peut diviser en trois classes : les inducteurs de l'apoptose ou BH3-only protein (Bim, PUMA, Noxa, Bik, Bmf, Bad, Hrk et Bid), les effecteurs de l'apoptose (Bak, Bax, Bok), et les inhibiteurs de l'apoptose (Bcl-2, Bcl-$_{XL}$, Bcl-w, Mcl-1, A1) (Giam et al., 2008) (figure 6A).

En absence de stimuli apoptotique, les protéines inductrices et effectrices seraient séquestrées par les protéines inhibitrices de la famille Bcl-2. En effet, le traitement de cellules en culture par un antagoniste de Bcl-2 (ABT-737) induit une mort cellulaire massive dépendante de Bak et de Bax. Des résultats similaires ont été obtenus grâce à la surexpression des protéines PUMA et Bik suggérant qu'elles sont capables de lever l'inhibition médiée par les protéines de type Bcl-2 (Chipuk et al., 2008; Shimazu et al., 2007) (figure 6B). En réponse à un stimulus pro-apoptotique impliquant le DISC (fixation du ligand sur les récepteurs ou bien activation du DISC suite à des dommages ADN), la caspase 8/10 activée clive la protéine Bid, formant ainsi tBid (*truncated Bid*).

Sous l'action de divers facteurs de transcription tels que p53 (en cas de dommages à l'ADN), HIF1 (en cas d'hypoxie), E2F, et FOXO3a (en cas de privation en facteur de croissance), les protéines PUMA, Bik, et Noxa sont également induites et lèvent la séquestration de tBid et Bim leur permettant de s'associer à la membrane externe de la mitochondrie (Hur et al., 2006; Shibue et al., 2006). Sous cette forme, tBid, et Bim recruteraient alors (avec la collaboration éventuelle de Bad) les protéines Bak et Bax puis induiraient un changement de leur conformation afin que le complexe Bak/Bax forme un pore dans la membrane mitochondriale et permette la libération de facteurs pro-apoptotiques tels que le cytochrome C (figure 6B) (Chipuk et al., 2008; Lovell et al., 2008). Le modèle d'activation du complexe Bak/Bax est toutefois controversé. En effet, les protéines Bak et Bax pourraient également être activées suite à la suppression de leur séquestration par les protéines inhibitrices de la famille Bcl-2 mais les données actuelles ne permettent pas de privilégier l'une ou l'autre de ces hypothèses (Lomonosova and Chinnadurai, 2008).

En cas de dommages à l'ADN, p53 induit la production de la protéine Bok qui est également capable d'entraîner le relargage cytosolique du cytochrome C par un mécanisme inconnu mais indépendant des protéines Bak/Bax (figure 6B) (Yakovlev et al., 2004).

A. Structure des protéines membres de la famille Bcl-2

Membres anti-apoptotiques

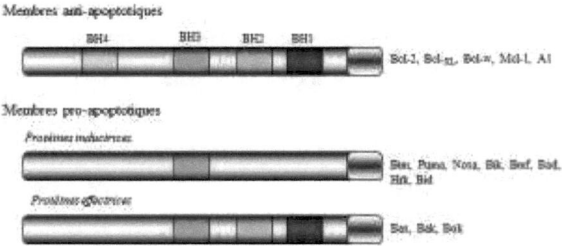

Bcl-2, Bcl-xL, Bcl-w, Mcl-L, A1

Membres pro-apoptotiques

Protéines inductrices

Bax, Puna, Noxa, Bik, Bmf, Bad, Hrk, Bid

Protéines effectrices

Bax, Bak, Bok

B. Activation de la voie intrinsèque

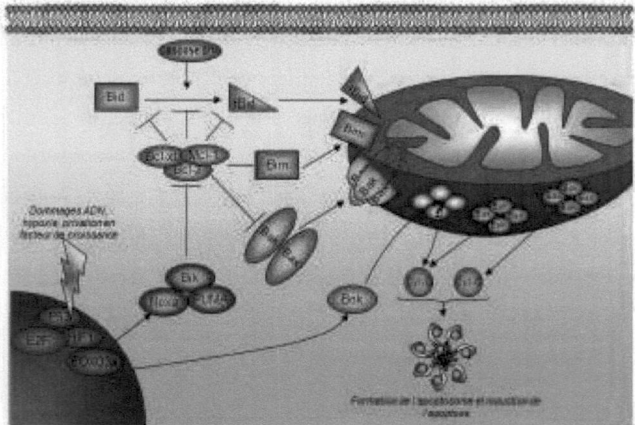

Figure 6 : Protéines de la famille Bcl-2

Cette famille se subdivise en 2 grandes catégories différentes d'un point de vue structural et fonctionnel : les protéines pro-apoptotiques qui contiennent entre 1 et 3 domaines BH et les protéines anti-apoptotiques contenant 4 domaines BH : BH1 (violet), BH2 (vert), BH3 (bleu) et BH4 (jaune).

C. Rôle de la voie intrinsèque

De manière générale, la voie intrinsèque permet l'élimination de toute cellule ayant subit des dommages importants au niveau mitochondrial ou encore au niveau ADN. Cette voie peut donc *a priori* être activée dans tous les types cellulaires. Toutefois, il est à noter que tous les types cellulaires ne réagissent pas de la même manière à un stimulus donné : par exemple alors que certaines cellules vont mourir suite à une privation en facteur de croissance, d'autres vont être capables de résister à cette privation et d'y survivre si elle est temporaire.

24

IV.   Régulateurs généraux de l'apoptose

En fonction du type cellulaire l'activation de l'apoptose et plus particulièrement de la voie extrinsèque va conduire ou non à l'apoptose. Cette dualité s'explique par l'existence de nombreux régulateurs pro et anti-apoptotique de ces deux voies et par le fait que les cellules sont en permanence soumises à de nombreux stimuli. Ainsi, la réponse à l'activation des voies pro-apoptotiques est complexe car elle intègre un ensemble de stimuli pro et anti-apoptotique (tels que la stimulation par des facteurs de croissance ou encore les interleukines). Au sein de la cellule, il existe en permanence un équilibre entre les voies pro et anti-apoptotique et c'est leur déséquilibre qui va conduire à l'apoptose ou au contraire à la survie cellulaire à l'origine de certains cancers.

A.   *Le cas particulier de l'apoptose caspase-indépendante*

Les stimuli apoptotiques sont capables d'induire la mort cellulaire même dans un contexte où l'activation des caspases est bloquée. Morphologiquement, cette mort est similaire à l'apoptose caspase dépendante et elle a été observée dans plusieurs contexte *in vitro* et *in vivo* : (i) sur des cultures cellulaires traitées avec un inhibiteur général des caspases (z-VAD-fmk) ou surexprimant XIAP ; (ii) sur des cellules déficientes pour l'un des membres du complexe central de l'apoptose : l'apoptosome (apaf-1, caspase 9 ou cytochrome C) ; (iii) ou bien encore chez les souris mutantes (Knock Out) pour la protéine apaf-1 qui présentent un retard dans la formation des espaces interdigitaux mais en aucun cas une inhibition totale du processus (Denmeade et al., 1999; Hakem et al., 1998; Hirsch et al., 1997; Li et al., 2000; Yoshida et al., 1998). L'ensemble de ces éléments suggère qu'il existe un programme apoptotique caspase indépendant également appelé nécroptose capable de compenser une déficience des voies classiques d'activation des caspases.

La signalisation conduisant à la mort cellulaire par nécroptose est encore assez mal connue mais on distingue une étape d'initiation compensant une déficience d'activation des caspases initiatrices, et une étape de finalisation du processus capable de remplacer l'action des caspases effectrices. Dans un contexte où les caspases sont bloquées, il a été montré que la fixation du ligand TNF (Tumor Necrosis Factor) sur les récepteurs de mort TNF-R1 entraîne l'activation de la phospholipase A_2 (PLA$_2$) qui permet la formation de ROS (*Reactive Oxygen Species*) dans le cytosol. Un autre mécanisme d'initiation de la nécroptose par les récepteurs de mort implique le récepteur Fas et la protéine adaptatrice FADD. Après oligomérisation de Fas en présence de son ligand FasL, la protéine FADD est recrutée et permet l'activation de la protéine kinase RIP1. Cette dernière est à l'origine de la destruction du complexe mitochondrial composé de l'adenine nucléotide translocase/Cyclophiline D conduisant à un dysfonctionnement mitochondrial (Holler et al., 2000; Temkin et al., 2006).

Ce dysfonctionnement ainsi que les ROS portent atteinte à l'intégrité de la membrane mitochondriale et seraient à l'origine de la perméabilisation de sa membrane externe (Tait and Green, 2008). La seconde étape de la nécroptose est liée à la libération de protéines de l'espace intermembranaire mitochondrial dans le cytosol : cytochrome C, smac/DIABLO, HtrA2/Omi, Endonucléase G (Endo G), et le facteur d'induction de l'apoptose (AIF) (Du et al., 2000; Li et al., 2001; Susin et al., 1999; Suzuki et al., 2001; Verhagen et al., 2000). Alors que smac/DIABLO et le cytochrome C vont induire l'activation des caspases et l'induction d'une apoptose caspase dépendante par les mécanismes décrits précedemment ; AIF, l'endoG et HtrA2/Omi vont mimer les actions normalement remplies par les caspases et conduire à une apoptose caspase-indépendante. Ainsi, les protéines AIF et l'Endo G sont transloquées dans le noyau et induisent la condensation de la chromatine et la fragmentation de l'ADN (Li et al., 2001; Lorenzo et al., 1999). En parallèle, la sérine protéase HtrA2/Omi va dégrader des substrats cytosquelettiques tels que l'actine et les tubulines α et ß (Vande Walle et al., 2007), l'ensemble conduisant à la formation des corps apoptotiques (figure 7).

B. *Protéines régulatrices de la voie extrinsèque*

1. *Le rôle des Decoy Receptor*

Les Decoy Receptor (DcR) ou récepteurs leurres – TRAIL-R3, TRAIL-R4, DcR3 et l'OPG - ont une structure identique aux récepteurs de mort à ceci près qu'ils n'ont pas de domaine intracellulaire et sont donc incapables de transduire un signal pro-apoptotique (Emery et al., 1998; Lavrik et al., 2005; Merino et al., 2006). Ils modulent donc l'effet des récepteurs de mort et entrant en compétition avec leurs ligands (figure

7)(Merino et al., 2006). Ainsi, TRAIL-R3 et l'OPG diminuent la sensibilité des lymphocytes périphériques à l'apoptose médiée par TRAIL (Emery et al., 1998; Sheridan et al., 1997). Par ailleurs, DcR3 bloque l'apoptose des cellules endothéliales médiées par le ligand TL1A ce qui entraîne une stimulation de l'angiogénèse. En effet, il a été montré que DcR3 induit *in vitro* et *in vivo* l'apparition de nouveaux vaisseaux sanguins (Yang et al., 2004). Enfin, TRAIL-R4 est exprimé de manière ubiquitaire et permettrait de protéger les cellules saines de l'apoptose médiée par TRAIL. De plus, TRAIL-R4 est capable de bloquer l'apoptose via deux mécanismes : d'une part en fixant TRAIL et en l'empêchant de fixer TRAIL-R2 mais aussi d'autre part en liant TRAIL-R2 via son domaine PLAD masquant alors le site de fixation de TRAIL sur TRAIL-R2 (Clancy et al., 2005). Cette deuxième hypothèse a été émise suite à l'observation que des cellules surexprimant TRAIL-R2 et un mutant de TRAIL-R4 incapable de fixer TRAIL sont résistantes à la mort médiée par TRAIL (Clancy et al., 2005).

Certaines tumeurs expriment fortement les récepteurs leurres. Elles deviennent alors insensibles à la mort médiée par TRAIL, ce qui favorise la progression tumorale. En ce sens, l'expression des DcR a récemment été caractérisée comme un facteur pronostic dans les tumeurs mammaires et colorectales (Ganten et al., 2009; Granci et al., 2008).

2.   *Protéines régulatrices à domaine DED*

Par interaction homotypique impliquant leur domaine DED, les protéines c-FLIP, TRAF1, TRAF2 et RIP sont capables de s'associer à FADD et de moduler l'activité du DISC (figure 7).

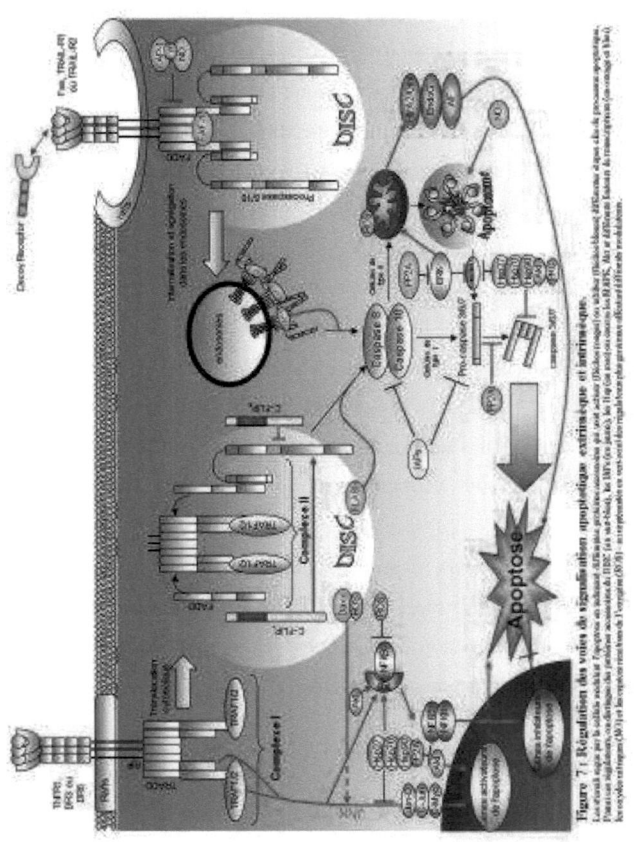

Figure 7 : Régulation des voies de signalisation apoptotique extrinsèque et intrinsèque.
Les plusieurs étapes par les quelles modulent l'apoptose en induisant différentes protéines surexprimées qui sont activées (flèches) ou inhiber (flèches bloquées). APP2 ncombre d'apporte d'apporte clés du processus apoptotique. Plusieurs régulateurs, ou distingues des protéines accessoires du DISC (en surbrillé), les DISC (en jaune), le Hsp (en noir) sont conserves les HSPPC. Ma et différents facteurs de transcription (en orange et bleu) sont des protéines plus présentes efficacement différents modulateurs. Les cycles et types (Bel) et les récepteurs situées dans le compartion (Bel) s'accupentés ou sont sont des régulateurs plus protéines efficacement différents modulateurs.

C-FLIP (*Cellular FLICE/Caspase 8 Inhibitory Protein*) est un homologue de la caspase 8 comportant un domaine DED et un site catalytique inactif. C-FLIP est exprimé sous 3 formes : une forme longue (c-FLIP$_L$), et deux formes courtes (c-FLIP$_S$ et c-FLIP$_R$). Alors que les formes courtes sont décrites pour interagir avec FADD et la pro-caspase 8, inhiber l'interaction FADD/Caspase 8, et donc avoir un rôle anti-apoptotique (Krueger et al., 2001), le rôle de la protéine c-FLIP$_L$ est controversé. En effet, certaines études décrivent c-FLIP$_L$ comme un facteur pro-apoptotique (Micheau et al., 2002; Shu et al., 1997) et d'autres au contraire comme un facteur anti-apoptotique (Irmler et al., 1997) – pour revue voir (Yu and Shi, 2008). Ces deux fonctions

28

antagonistes de c-FLIP$_L$ peuvent s'expliquer par son taux d'expression. Lorsqu'elle est fortement exprimée, c-FLIP$_L$ entrerait en compétition avec la caspase 8, empêcherait sa fixation sur FADD, et donc l'induction de l'apoptose ; au contraire, à un taux plus faible, c-FLIP$_L$ serait toujours adressé au DISC et interagirait avec la caspase 8. C-FLIP$_L$ modifierait la conformation du domaine catalytique de la procaspase 8 lui permettant d'acquérir une activité caspase suffisante pour cliver des substrats synthétiques *in vitro* et pour son auto-activation par protéolyse (Micheau et al., 2002; Yu et al., 2009) (figure 7).

Par ailleurs, c-FLIP participe au recrutement des protéines RIP et TRAF1/2 au sein du DISC (Yu and Shi, 2008). L'activité kinase des protéines RIP et TRAF1/2 est à l'origine de l'activation de la voie JNK (*c-Jun N-Terminal protein Kinase*) qui aboutit à l'activation de nombreux facteurs de transcription tels que c-Jun, JunD et c-Myc (Dhanasekaran and Reddy, 2008; Wilson et al., 1996). Ces derniers activent la transcription de gènes pro-apoptotiques tels que TNFα, FasL ou encore PUMA aboutissant à une boucle d'amplification positive du signal pro-apoptotique (Cazanave et al., 2009; Dhanasekaran and Reddy, 2008).

RIP et TRAF1/2 peuvent aussi conduire à la phosphorylation de la protéine IκB qui séquestre sous forme non-phosphorylée, le facteur de transcription NFκB dans le cytoplasme. Ainsi, la phosphorylation d'IκB permet la libération de NFκB qui, sous forme dimérique, est transloqué dans le noyau et active la transcription de multiples gènes tels que les IAPs, des protéines inhibitrices de la voie mitochondriale et les gènes TRAF1/2 conduisant à une boucle d'amplification d'un signal anti-apoptotique (Bharti and Aggarwal, 2002; Micheau and Tschopp, 2003).

3. *Les protéines accessoires régulatrices du DISC*

D'autres protéines sont capables d'interagir avec le DISC : Daxx, FLASH et FAF-1 (figure 7). Daxx et FLASH stimulent respectivement l'activation de la voie JNK et de la caspase 8 (Peter and Krammer, 2003). FAF-1 (Fas Associated Factor 1) interagit avec Fas, stimule l'activation de la caspase 8 et au contraire, bloque l'activation de la voie NFκB (Park et al., 2004b; Ryu et al., 2003).

Il est également à noter que le processus d'oligomérisation des récepteurs de mort est dépendant de leur phosphorylation contrôlée notamment par la protéine phosphatase FAP-1 (Fas Associated Phosphatase 1) et de la protéine kinase Fyn (Gloire et al., 2008).

C. Régulation de la voie intrinsèque et de l'activité des caspases

1. Protéines régulatrices des caspases : les IAPs

Cette classe de protéine exprimée en absence de stimulus apoptotique a pour fonction principale la protection cellulaire contre une induction aspécifique de l'apoptose. Toutefois, certaines IAPs telles que XIAP ont également d'autres rôles. Ainsi XIAP permettrait de distinguer les cellules de type I et de type II lors de l'activation de la voie extrinsèque ou encore de réguler l'activité des caspases au cours de l'apoptose (voir paragraphe I.C p9) (figure 7).

2. Protéines kinases régulatrices des caspases :

Outre les IAPs, l'activité mais aussi la fonction des caspases peuvent être modulées par phosphorylation. En effet, en cas de stimulation des cellules par des facteurs de croissance ou bien au cours de la mitose, la caspase 9 est phosphorylée et inhibée par les protéines kinases Akt et ERK (*Extracellular Regulated Kinase*), ou par la Protéine Kinase C ζ (Allan et al., 2003; Brady et al., 2005; Cardone et al., 1998). Suite à des stimuli similaires, les caspases 2, 3 et 8 peuvent également être inhibées par phosphorylation suite à l'action des protéines kinases : CaMKII, CK2, p38 MAPK, Src, Fyn, Lyn et SHP1. Certaines phosphorylations vont au contraire stimuler l'activité des caspases en condition apoptotique : c'est le cas de la protéine kinase c-Abl et de la protéine kinase PKCδ qui ont pour cible les caspases 9 et 3 (Kurokawa and Kornbluth, 2009).

De manière intéressante, la phoshophorylation des caspases peut également conduire à un changement de fonction. En effet, il a été montré que la caspase 2 pouvait également être associée à un phénomène de réparation de l'ADN (Shi et al., 2009). Un modèle émergent implique la protéine kinase ATM (*Ataxia Telangectasia Mutated*) activée en cas de stress génotoxique, comme régulateur central de la balance apoptose/réparation de l'ADN. En cas de stress important, ATM induirait p53, la formation du PIDDosme dans le cytosol et l'induction d'une apoptose caspase 2 dépendante. Au contraire, en cas de dommages ADN mineurs, ATM permettrait l'activation de sérine/thréonine kinase nucléaires : les DNA-PKcs ayant pour cible la caspase 2. Cette dernière serait alors recrutée par un PIDDosome nucléaire (composé de PIDD et des DNA-PKCs) qui participerait à la réparation de l'ADN et à la survie cellulaire. Dans ce cas, la caspase 2 est également activée sans pour autant conduire à l'apoptose (Shi et al., 2009). Il est possible que ce phénomène non-apoptotique soit lié à la séquestration nucléaire de la phospho-caspase 2 qui l'empêcherait d'agir sur ses substrats cytosoliques (Krumschnabel et al., 2009). L'activation des caspases 2, 3 et 9 a également été associée à un phénomène non-apoptotique : la différenciation érythrocytaire. Dans les dernières phases de différenciation des érythroblastes en érythrocytes sous l'action de l'érythropoïétine, les caspases 2, 3 et 9 sont activées et clivent certains de leurs substrats pro-apoptotiques nucléaires tels que la Lamine B. Ce clivage est important pour permettre l'énucléation des érythrocytes mais insuffisant pour induire l'apoptose (Zermati et al., 2001). Dans ce cas, la protection contre l'apoptose n'est pas liée à une phosphorylation des caspases mais à l'intervention de protéines chaperones : les protéines de choc thermiques (Hsp) (Ribeil et al., 2007).

3.   *Les protéines chaperones*

Parmis les protéines de choc thermique, les protéines Hsp27, Hsp90 et Hsp70 ont un rôle anti-apoptotique via la protection de certaines protéines. Ainsi, elles sont capables de bloquer l'activation de la caspase 9 : soit en inhibant la formation de l'apoptosome par interaction avec Apaf-1, soit plus indirectement en stabilisant les sérine/thréonine kinases responsables de la phosphorylation inhibitrice de la caspase 9 : Akt et PKC. Hsp27, Hsp90 et Hsp70 peuvent également inhiber la voie pro-apoptotique JNK et au contraire favoriser l'activation de la voie anti-apoptotique NFκB (Lanneau et al., 2007) (figure 7).

La fonction anti-apoptotique des protéines chaperones est souvent associée à un rôle dans la différenciation cellulaire (Lanneau et al., 2007). Ainsi la protéine Hsp70 intervient dans la différenciation érythrocytaire en protégeant un substrat de la caspase 3 : GATA1. GATA1 est un facteur de transcription capable d'induire la production de facteurs anti-apoptotiques et impliqué dans la différenciation des érythrocytes sous l'action de l'érythropoïetine (EPO). Il a été montré qu'en cas de privation en facteur de croissance, ou d'induction de la voie des récepteurs de mort Fas, GATA-1 est clivé et inactivé par la caspase 3. Au contraire, malgré l'activation de la caspase 3, GATA-1 n'est pas clivé dans les dernières étapes de la différenciation érythrocytaire (Zermati et al., 2001). Ce phénomène s'explique par l'interaction de GATA-1 avec la protéine Hsp70. Cette dernière est capable de fixer GATA-1 au niveau nucléaire après stimulation à l'EPO et d'empêcher son clivage par la caspase 3. Au contraire, en absence de stimulation par l'EPO, Hsp70 est transloquée dans le cytosol et permet le clivage de GATA1, l'arrêt de la différenciation et l'induction de la mort cellulaire (Ribeil et al., 2007). De manière similaire, les protéine Hsp27 et Hsp90 serait impliquée dans la différenciation des cellules de la lignée rouge, des cellules musculaires et des kératinocytes (Lanneau et al., 2007).

D. *Régulateurs généraux de l'apoptose*

1. *Rôle des ROS et du NO*

Les oxydes nitriques (NO) et les formes réactives de l'oxygène (ROS) sont produites en réponse à l'induction de la voie des récepteurs de mort via l'activation respective des NOS (*Nitric Oxide Synthase*) et d'enzymes telles que la phospholipase A_2. En fonction du type cellulaire, les NO ont un rôle pro ou anti-apoptotique : d'une part ils peuvent inhiber les protéines inhibitrices de la famille Bcl-2 favorisant la formation de l'apoptosome et d'autres part, ils sont capables de bloquer la production d'une classe particulière de sphingolipides nécessaires à la trimérisation des récepteurs de mort (Dash et al., 2007; Perrotta et al., 2005; Snyder et al., 2009) (figure 7).

Les ROS quant à eux ont un rôle plutôt pro-apoptotique. Ils sont en effet capables d'induire des modifications d'acides aminés tels que le changement de cystéine en sérine ce qui conduit à des inactivations protéiques. Ainsi, les ROS sont capables de bloquer le fonctionnement du facteur de transcription NFκB et au contraire d'activer la voie JNK (Kamata et al., 2005). L'action large des ROS sur l'ensemble des protéines a également pour conséquence une déstabilisation de la membrane mitochondriale et la libération du cytochrome C (cf. § V. A) (figure 7).

2. *Rôle des protéines kinases Akt et MAPK*

La protéine kinase Akt exerce une action anti-apoptotique via la phosphorylation de plusieurs substrats. Ainsi, Akt inhibe la caspase 9, la protéine pro-apoptotique Bad (appartenant à la famille Bcl-2 – non-représenté sur la figure 7), et les facteurs de transcription FOXO (activant notamment l'expression de FasL) et au contraire stimule la libération et ainsi l'activation du facteur de transcription NFκB (Franke, 2008) (figure 7).

Les protéines kinases ERK, JNK et p38 MAPK appartiennent toutes les trois à la famille des MAPK (Mitogen Activated Protein Kinase), toutefois leur activation dépend des stimuli auxquelles les cellules sont exposées. En effet, alors que la p38MAPK et la voie JNK sont activées en réponse à un stimulus apoptotique ou un stress cellulaire (notamment via l'intervention de RIP et TRAF1/2), la voie anti-apoptotique ERK est activée en réponse à des mitogènes ou des facteurs de croissance (Junttila et al., 2008).

De manière générale, les MAPK s'organisent en cascade de protéines kinases – on parle de MAPKKK (*Mitogen Activated Protein Kinase Kinase Kinase*), MAPKK (*Mitogen Activated Protein Kinase Kinase*), et MAPK (*Mitogen Activated Protein Kinase*) en fonction du niveau de signalisation où se situent les protéines kinases. Ainsi, la voie ERK est caractérisée par l'activation de la petite protéine G Ras (suite à la fixation de facteurs de croissance sur des récepteurs transmembranaires spécifiques) qui elle-même recrute et active la sérine-thréonine kinase Ras (MAPKKK). Ras active à son tour par phosphorylation la protéine kinase MEK1,2 (MAPKK) qui active ERK (MAPK). ERK exerce alors son action anti-apoptotique en inactivant par phosphorylation la caspase 9 et Bad, et en activant le facteur de transcription CREB contrôlant l'expression des gènes anti-apoptotiques *bcl-2*, *bcl-1* et *bcl-xl* (Holmstrom et al., 2000; Junttila et al., 2008). Il est à noter que ERK et Akt sont capables d'inhiber conjointement l'apoptose en stabilisant XIAP et la Survivine. En effet, leur phosphorylation bloque leur ubiquitinylation et leur dégradation par le protéasome (Dan et al., 2004; Jeong et al., 2009; Jia et al., 2003).

La voie JNK suit un schéma similaire : les MAPKKK (ASK1, HPK1, MLK-3, MKKK1–4, TAK-1, et TPL-2) activées en réponse aux stimuli apoptotiques activent les MAPKK (MKK4 et MKK7) aboutissant à l'activation finale des JNK dont les substrats pro-apoptotiques ont été évoqués précédemment (cf. paragraphe IV C.2 p18). Enfin, la p38 MAPK est activée suite à de nombreux types de stress cellulaire (hypoxie, choc thermique, infection par un pathogène, inflammation, etc) par autant de MAPKK (MKK3, 4, 6, 7) et MAPKKK (telles que ASK-1, MTK, TAK-1, MLK3, MEKK1-4, etc) (Junttila et al., 2008). Au final, la p38 MAPK est capable d'inhiber certaines caspases par phosphorylation et d'activer un ensemble de facteurs de transcription : p53, Elk-1, MEF-2, ATF-2 et CHOP-1 modulant ainsi l'expression d'une batterie de gène impliqué dans l'apoptose ou dans la régulation du cycle cellulaire. A l'heure actuelle, le rôle pro ou anti-apoptotique de la p38 MAPK est le sujet de controverses. En effet, alors qu'il a été montré que l'activation de la p38 MAPK via la phosphorylation de p53 conduit à un arrêt du cycle cellulaire (Bulavin and Fornace, 2004; Bulavin et al., 2001) d'autres études montrent que l'activité de la p38 MAPK est corrélée à la survie cellulaire, à la croissance et au pouvoir invasif tumoral (Johansson et al., 2000; Junttila et al., 2007a).

3.   *Rôle central des complexes PP2A*

Comme nous venons de l'évoquer, kinases et phosphatases ont un rôle essentiel dans la régulation de l'oligomérisation des récepteurs de mort, de l'activité des caspases et de l'activité des facteurs de transcription, impliquant que les mécanismes de phosphorylation/déphosphorylation ont un rôle clé dans la régulation de l'apoptose.

Le complexe PP2A exerce un contrôle sur de nombreux régulateurs de l'apoptose via son activité phosphatase. Ce complexe est composé d'une sous-unité catalytique (C) conservée et de deux autres sous-unités ayant de nombreuses isoformes : une sous-unité structurale (A) et une sous-unité régulatrice (B). Il existe 2 types de sous-unités A (ou PR65) : α et ß, et de nombreuses sous-unités de type B comprenant les protéines de groupe B, B', B'' et B'''. Alors que la sous-unité B est à l'origine de la spécificité de substrat du complexe PP2A, la nature de la sous-unité PR65 (α ou β) semble à l'origine d'une fonction pro- ou au contraire pro-apoptotique du complexe PP2A (Eichhorn et al., 2009; Mumby, 2007).

En effet, alors que la suppression de PR65α par siRNA entraîne la mort cellulaire, à l'inverse, la suppression de PR65β induit une transformation tumorale des cellules en culture (Sablina et al., 2007). De manière générale, rares sont les études où les sous-unités PR65β ou PR65α ont été clairement impliqués, la plupart des études sur PP2A utilisant soit l'acide okadaïque (un inhibiteur ciblant d'autres phosphatases telles que PP1), soit un siRNA dirigé contre la sous-unité catalytique de PP2A. Plus spécifiquement, seules deux études montrent que PR65α est une protéines anti-apoptotique capable d'activer Ras et de stimuler la transformation tumorale (Ory et al., 2003; Sablina et al., 2007), et une dizaine d'études caractérisent la fonction pro-apoptotique de PR65β ainsi que son rôle de suppresseur de tumeur. Actuellement trois voies majeures peuvent être distinguées comme pouvant expliquer la fonction de PR65β/PP2A dans la signalisation apoptotique : (i) l'inhibition du facteur de transcription NFκB, (ii) l'inhibition de la rhoGTPase RalA et enfin (iii) l'inhibition de la protéine kinase Akt. Il a été montré que le facteur de transcription NFκB pouvait être inhibé par déphosphorylation (ser 536) via le complexe PR65β-PP2ACα (Li et al., 2006a; Yang et al., 2001). Ainsi, cela pourrait conduire à l'inhibition indirecte de gènes anti-apoptotiques comme bcl-2, bcl-XL ou les gènes codant pour les IAPs favorisant ainsi l'apoptose (Bharti and Aggarwal, 2002; Micheau and Tschopp, 2003). Ce complexe est également capable d'inhiber la protéine kinase anti-apoptotique Akt par déphosphorylation et donc contribuer à l'activation des caspases (Mumby, 2007). Enfin, il a été montré que le complexe PR65β/PP2A était capable d'inhiber RalA par déphosphorylation (ser 183 et ser 194), une rhoGTPase capable (à l'état phosphorylé) de stimuler la survie et la transformation cellulaire par un mécanisme mal connu (Sablina et al., 2007).

Par ailleurs, de part sa fonction pro-apoptotique, il a été suggéré que PR65β jouerait le rôle de suppresseur de tumeur. Dans ce sens, de nombreuses mutations de type perte de fonction ont été identifiées dans les cancers du poumon, du colon, de l'ovaire, de la thyroïde et du sein (L101P, V448A, V545A, G8R, K943E et P65S)(Wang et al., 1998). De manière intéressante, il a été montré récemment que dans les cancers gastriques et mammaires ainsi que dans de nombreuses lignées tumorales, un inhibiteur de PP2A : CIP2A (*Cancerous Inhibitor of PP2A*) était surexprimé et favorisait la transformation tumorale en stabilisant c-myc. En effet, CIP2A est capable d'interagir avec la sous-unité PR65 et ainsi d'induire une inhibition de la phosphorylation de c-Myc (ser 62) par PP2A, phénomène conduisant normalement à la dégradation de c-Myc (Junttila et al., 2007b; Junttila and Westermarck, 2008; Khanna et al., 2009).

En résumé, PP2A via son activité phosphatase participe à l'apoptose en activant p53 Bad et Bax, et en inhibant Bcl-2, c-myc, Akt, ERK et NFκB (figure 8). A l'inverse

PP2A exerce également un rôle anti-apoptotique en inhibant principalement les calpaïnes, la caspase 3, TRAF-2, la voie JNK et en activant la voie NFκB (Eichhorn et al., 2009).

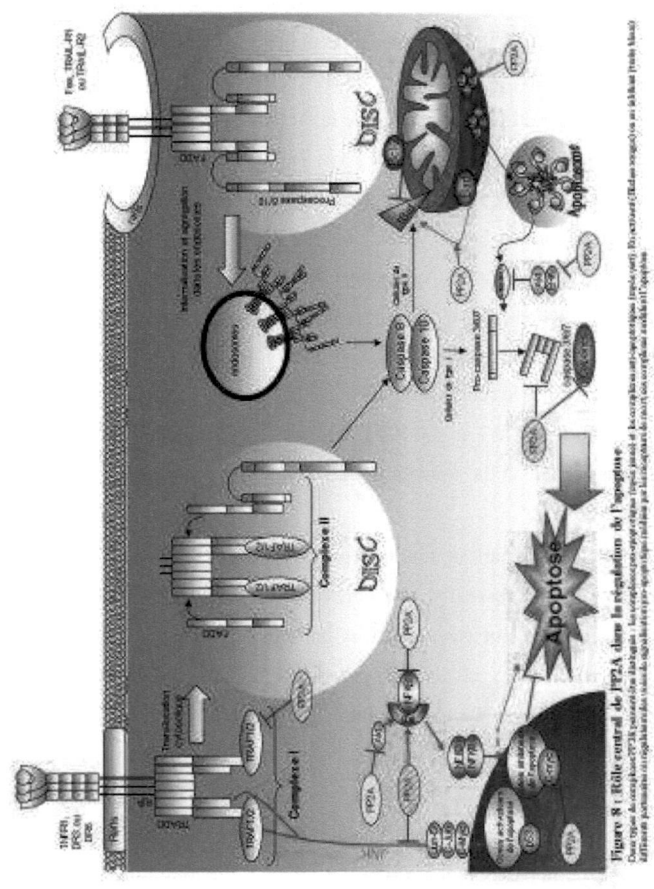

Figure 8 : Rôle central de PP2A dans la régulation de l'apoptose.

V. Déséquilibre des voies intrinsèques et extrinsèques et thérapies antitumorales ciblées

A. *Dérégulations principales observées dans les cancers*

36

Les régulations des voies intrinsèques et extrinsèques étant nombreuses, la perte d'expression des protéines activatrices, leur perte de fonction ou à l'inverse la surexpression ou le gain de fonction des protéines inhibitrices des voies d'apoptose peut conduire à la perte de sensibilité des cellules à l'apoptose et donc à l'apparition des cancers.

Ainsi, la perte d'expression de fonction des protéines pro-apoptotique peut être liée à des mutations inactivatrices ou bien à des mécanismes plus spécifiques. En effet, il a été montré que les récepteurs de mort TRAIL-R1 et TRAIL-R2 pouvaient être inactivés par un phénomène d'endocytose constitutive observée dans le cancer du sein et conduisant à une perte de sensibilité des cellules cancéreuses à l'apoptosée induite par TRAIL. Les dérégulations observées pour les principaux acteurs et leurs cancers associés sont représentés figure 9 (Krepela et al., 2009; Leone et al., 2000; Teitz et al., 2000; Vogler et al., 2008; Wolf et al., 2001; Zhang and Fang, 2005; Zhang and Zhang, 2008).

Classe de protéine	Protéine dérégulée	Mutation, perte de fonction	Surexpression, gain de fonction	Références
Récepteurs pro-apoptotiques	TNF-R1	pas de rôle direct établi dans l'induction des cancers		
	TNF-R2	pas de rôle direct établi dans l'induction des cancers		
	Fas	Nombreux cancers solides (peau, poumon, estomac, vessie, prostate, etc.) et lymphomes		[illegible]
	TRAIL R1	Cancer du colon et du poumon		[illegible]
	TRAIL R2	Cancer du colon et du poumon		[illegible]
Récepteurs leurres	TRAIL R3		Cancer du colon et de l'estomac	[illegible]
	TRAIL R4		Cancer du colon	[illegible]
	DcR3		Glioblastome, cancer du poumon, de la rate et du colon.	[illegible]
	OPG		cancer du sein	[illegible]
Ligands	TRAIL		Nombreux cancers	[illegible]
	FasL		Nombreux cancers	[illegible]
Régulateurs pro-apoptotiques	TRADD	Leucémies		[illegible]
	IKB	Lymphomes de Hodgkin		[illegible]
	Caspase 8	Cancer du colon, neuroblastome, cancer du poumon et médulloblastome		[illegible]
	[illegible]/Bim	Lymphomes, cancer du colon, du poumon, du pancréas		[illegible]
	Apaf-1	Cancer de l'ovaire		[illegible]
	Smac/DIABLO	Nombreux cancers		[illegible]
	PH-II [illegible]	Cancer utérin, mammaire, hépatique, colorectal, thyroïdien, ovarien, etc.		[illegible]
Régulateurs anti-apoptotiques	MAPK (ERK)		Nombreux cancers	[illegible]
	c-FLIP		Cancer du colon, du pancréas, lymphomes de Burkitt	[illegible]
	IAPs (XIAP, Survivine)		Nombreux cancers	[illegible]
	Akt		Leucémies, mélanomes	[illegible]
	NFkB		Leucémies lymphoïdes chroniques, lymphomes non-Hodgkiniens	[illegible]
	Bcl-2/Bcl-XL		Lymphomes, cancer du colon, du poumon, du pancréas	[illegible]

Figure 9 : Tableau résumant les principales dérégulations affectant les principaux récepteurs, ligands et régulateurs impliqués dans les voies de signalisation apoptotiques intrinsèque et extrinsèque.

B. Thérapies anti-cancéreuses : généralités

1. Classification

Deux types de traitements contre les cancers peuvent être distingués : les traitements dits classiques tels que la chimiothérapie et la radiothérapie applicables à tous les types de tumeurs et les traitements ciblés plus spécifiques.

La chimiothérapie et la radiothérapie sont des bloquants du cycle cellulaire. En effet, ces traitements sont capables de bloquer la formation du fuseau mitotique ou bien de bloquer la réplication de l'ADN aboutissant dans les deux cas à une inhibition de la division cellulaire. L'inconvénient majeur de ces traitements est leur absence de spécificité vis-à-vis de la tumeur. Ils vont en effet toucher les tissus sains tels que les cellules souches hématopoïétiques provoquant une anémie. D'autres effets secondaires liés à cette aspécificité rendent ces traitements difficiles à supporter pour les patients : nausées, asthénie, céphalées, alopécie, etc. De plus, ces effets aspécifiques sont à l'origine d'une limitation du traitement : la dose efficace de tels traitements pour un patient donné peut être intolérable pour ce dernier. Il a donc été nécessaire de développer d'autres traitements dits ciblés, attaquant préférentiellement le tissu tumoral et ayant des effets secondaires limités à nuls. En effet, depuis une quinzaine d'années, une nouvelle classe d'agents thérapeutiques ciblés, agissant plus spécifiquement sur des cibles impliquées dans la dérégulation de la division cellulaire est apparue.

Plusieurs types de traitements ciblés peuvent être distingués : les inhibiteurs du cycle cellulaire, les inhibiteurs de la transduction de signal ciblant des récepteurs aux facteurs de croissance ou des tyrosines kinases, les hormonothérapies et les anti-angiogéniques qui n'ont pas une action directe sur la tumeur mais sur sa néovascularisation.

2. *Les différents types de thérapies ciblées*

Contrairement aux traitements classiques, ces traitements s'appliquent spécifiquement à certains types de tumeurs en fonction des dérégulations qu'elles présentent. Ainsi, **les agents inhibiteurs du cycle** s'adressent aux cellules tumorales dont les régulateurs principaux du cycle cellulaire : les cdks (*Cyclin Dependent Kinase*), sont constitutivement activés conduisant à une stimulation permanente du cycle cellulaire. Ces inhibiteurs du cycle cellulaire sont capables d'induire le blocage des cdks mais sont également capables d'induire l'apoptose par induction de la voie intrinsèque. Par exemple, il a été montré *in vitro* sur plusieurs types cellulaires (lignées tumorales pulmonaires, lignées de neuroblastome ou de leucémie) que la drogue RKS262 était capable d'inhiber cdk6 mais aussi d'activer par un mécanisme peu connu l'expression des protéines pro-apoptotiques de la famille Bcl-2 : Bid, Bak et Bok ; et au contraire d'inhiber Bcl-$_{XL}$ et Mcl-1 conduisant à l'apoptose des cellules tumorales (Singh et al., 2009). Des inhibiteurs dérivés de RKS262 sont actuellement en phase II d'essais cliniques.

Les inhibiteurs de la transduction de signal touchent des récepteurs aux facteurs de croissance ou bien des tyrosines kinases. Les récepteurs aux facteurs de croissance sont surexprimés dans certains types de cancers et sont à l'origine de la stimulation de la prolifération et de la survie des cellules tumorales. Dans 20% des cancers du sein, le récepteur HER2 (*Human Epidermal growth factor Receptor 2*) appartenant à la famille des récepteurs à l'EGF (*Epidermal Growth Factor*) est surexprimé. Des anticorps antagonistes de l'EGF tels que le Trastuzumab (ou Herceptin®) ont été développés : ils sont capables de lier HER2, de l'empêcher de transduire un signal intracellulaire passant notamment par l'activation d'Akt et ainsi d'induire l'apoptose (Jones and Buzdar, 2009). Le Trastuzumab est également capable de médier la reconnaissance des cellules tumorales par les cellules Natural Killer permettant une élimination des cellules tumorales HER2-positive par le système immunitaire (Jones and Buzdar, 2009; Junttila et al., 2009; Nagata et al., 2004).

HER2 tout comme d'autres récepteurs à activité tyrosine kinase (tel que PDGFR pour *Platelet Derived Growth Factor Receptor*) ainsi que des tyrosines kinases cytosoliques (tel que les kinases ABL pour *ABeLson*, ou Src) peuvent être à l'origine de cancers en cas d'activation constitutive. **Des agents inhibiteurs des tyrosines kinases** ont donc été développés pour traiter ces types de cancers. Les leucémies myéloïdes chroniques sont généralement des cancers répondants bien à ce type de thérapies car elles présentent une activation constitutive de la kinase ABL suite à la formation du chromosome de philadelphie (résultant d'une translocation entre les chromosomes 9 et 22). Cette fusion chromosomique a pour résultat la fusion des gènes *bcr* (*Breakpoint Cluster Region*) et *abl*, et la production de la kinase BCR-ABL constitutivement active qui conduit à la transformation des progéniteurs hématopoïetiques. Depuis 2002, le traitement principal de ces leucémies est l'imatinib (ou Glivec®) et deux traitements dérivés ont depuis vu le jour : le nilotinib et le dasatinib. Ces agents inhibent principalement l'activité de la kinase BCR-ABL mais ciblent également le PDGFR et les kinases Src permettant ainsi de ramener à la normale le taux actif de ces protéines kinases dans le tissu tumoral et de limiter la prolifération cellulaire. Le problème majeur de ces inhibiteurs des tyrosines kinases est leurs effets secondaires. En effet, les PDGFR et la kinase ABL sauvages sont nécessaires au métabolisme osseux, pulmonaire et cardiaque, et leur inhibition peut provoquer une fragilité osseuse, des effusions pleurales ou bien des complications cardiaques chez 10 à 60% des patients (Giles et al., 2009).

Enfin, **les hormonothérapies** s'adressent aux tumeurs exprimant fortement les récepteurs aux hormones stéroïdiennes (*Estrogen Receptor* et *Progesterone Receptor*) telles que le sein, l'ovaire, l'utérus ou bien encore les testicules. La plupart de ces cancers sont dits hormono-sensibles car leur croissance est stimulée par les hormones. Il existe donc des thérapies capables de bloquer la formation des hormones (par exemple les anti-aromatases qui empêchent la conversion des androgènes surrénaliennes en oestrogènes), ou de bloquer la fixation des hormones sur leurs récepteurs à l'aide d'antagonistes tels que le tamoxifène capable de lier le récepteur aux oestrogènes induisant un blocage du cycle cellulaire et la mort cellulaire par activation de c-Jun (Madeo et al., 2009). De la même manière, **les traitements anti-angiogéniques** s'adressent aux tumeurs vascularisées présentant une forte expression de VEGF (*Vascular Endothelial Growth Factor*), principal facteur de croissance des cellules endothéliales. Le Bevacizumab (Avastin®), un anticorps monoclonal capable de titrer le VEGF circulant et empêchant sa liaison sur les récepteurs au VEGF présents à la surface des cellules endothéliales est utilisé pour le traitement des cancers colorectaux métastatiques, des cancers mammaires en association avec des chimiothérapies et induit une régression tumorale (Hurwitz et al., 2004; Miller et al., 2007).

L'ensemble de ces protéines et hormones spécifiquement exprimées par les tumeurs représentent ainsi des marqueurs tumoraux qui vont être particulièrement utiles pour le traitement des cancers en termes de pronostic (choix d'un traitement en fonction des marqueurs exprimés par la tumeur) et d'évaluation de l'efficacité d'un traitement (par exemple par le suivi du taux de marqueur sanguin pour voir si la tumeur répond au traitement ou non).

Actuellement, les traitements les plus efficaces combinent les thérapies classiques (chimiothérapie/radiothérapie) et les thérapies ciblées. Toutefois, des phénomènes de résistances liés à l'acquisition de mutations des cibles thérapeutiques apparaissent. Par exemple, l'anticorps monoclonal Trastuzumab ciblant HER2 devient inefficace si l'épitope qu'il reconnaît est muté (Jones and Buzdar, 2009) ; et ces mutations acquises conduisent à l'émergence de nouvelles tumeurs ne répondant pas au traitement initial. Un autre problème est la toxicité de certaines de ces thérapies ciblées qui rendent certains traitements difficiles à supporter pour les patients (Imatinib et ses dérivés en particulier).

C.   *Thérapies ciblées induisant directement l'apoptose des cellules cancéreuses*

Actuellement, des thérapies visant à restaurer directement les voies pro-apoptotiques sont en cours d'essais cliniques : les principales ciblent les récepteurs TRAIL-R exprimés par les cellules tumorales. Ces thérapies combinées avec les autres thérapies ciblées et/ou avec les thérapies classiques sont une nouvelle source d'espoir pour le traitement des cancers.

1.   Les avancés majeures sur TRAIL et ses agonistes

Comme nous l'avons vu précédemment, TRAIL et ses récepteurs TRAIL-R1 et TRAIL-R2 jouent un rôle majeur dans le contrôle de la tumorigenèse *in vitro* et *in vivo*. La signalisation pro-apoptotique médiée par TRAIL est ainsi devenue une cible de choix pour le traitement ciblé des cancers et plusieurs agonistes de TRAIL ont été développés. Contrairement à la chimiothérapie ou la radiothérapie seule, les agonistes de TRAIL induisent spécifiquement la mort des cellules tumorales *in vitro* et voient leur efficacité potentialisée si ils sont combinés avec de faibles doses de chimiothérapies/radiothérapies (Holoch and Griffith, 2009). Ainsi, leur intérêt thérapeutique est particulièrement important car ces agonistes permettraient d'obtenir un effet ciblé sur la tumeur avec des effets secondaires bien moins importants qu'avec les traitements classiques (absence d'alopécie, d'anémie, de nausées, etc).

Ces dernières années, plusieurs thérapies basées sur l'utilisation d'une molécule recombinante (rhTRAIL) ou d'anticorps agonistes de TRAIL (mapatumumab, lextumumab, apomab) ont été développées et sont actuellement en essais cliniques de phase I ou II. Malgré une faible toxicité de tels traitements (quelques rares cas de toxicité hépatique) chez les patients, qui rend ces agonistes attrayants pour une thérapie, l'effet des agonistes TRAIL sur la régression tumorale est très modéré. En effet, utilisés seuls ces traitements induisent un arrêt de la croissance d'environ 50% des tumeurs traitées (prostate, colon, poumon non à petites cellules) mais aucune régression tumorale. Utilisés en combinaison avec les chimiothérapies classiques, une régression de 10% à 15% des tumeurs traitées est observée (Holoch and Griffith, 2009).

Un nouveau type de thérapie est actuellement en cours de développement pour le traitement du cancer de la prostate. Cette thérapie est basée sur l'injection par voie intra-tumorale d'un adénovirus vecteur du gène *trail* (Ad5-TRAIL). Cet adénovirus est très bien toléré par les patients et semble capable d'induire à lui seul une apoptose massive des cellules tumorales. Les futures études sur un nombre plus grand de patients permettront de voir quel effet a véritablement ce traitement sur la régression tumorale (Holoch and Griffith, 2009).

2. *Les antagonistes des protéines anti-apoptotiques Bcl-2*

Plusieurs traitements visant à neutraliser les protéines inhibitrices de l'apoptose de la famille Bcl-2 (Bcl-2, Bcl-$_{XL}$ et Mcl-1) ont été développés et sont en cours de test : le gossypol et ses dérivés, l'obatoclax mesylate et un ARN antisens ciblant Bcl-2. Les deux premiers inhibiteurs sont des molécules chimiques capables de fixer Bcl-2, Bcl-$_{XL}$ et Mcl-1 et de les inhiber *in vitro*. Les premiers essais de phase I du gossypol réalisés en 2001 n'ont pas révélé d'effet anti-tumoral de cette molécule sur des patients atteints de leucémies (Bushunow et al., 1999; Tan et al., 2009). Depuis 2006, deux nouveaux dérivés du Gossypol ont été testés (phase I) : l'Apo2G et l'AT101 et seraient efficaces pour le traitement des lymphomes et des leucémies myéloïdes chroniques (Balakrishnan et al., 2009; Kline et al., 2008; Tan et al., 2009; Zerp et al., 2009). L'obatoclax mesylate a un mode d'action similaire et est récemment entré en phase I d'essais cliniques (2008) (O'Brien et al., 2009; Schimmer et al., 2008).

Les essais les plus avancés sur Bcl-2 concernent l'Oblimersen Sodium, un petit ARN antisens de 18-mer stabilisé par modification chimique et capable de s'hybrider avec l'ARNm de Bcl-2 et de conduire à sa dégradation (Bedikian et al., 2006). Cette thérapie est actuellement en essai de phase III et a démontré son efficacité pour le traitement des mélanomes et des leucémies lymphoïdes chroniques (CLL). Les études en cours cherchent à déterminer si ce traitement potentialise l'effet des médicaments chimiothérapeutiques. Les premiers résultats indiquent que l'Oblimersen Sodium a un effet potentialisant tissu dépendant : il a un effet marqué sur les patients atteints de mélanomes et au contraire un effet mineur à nul sur les CLL et les cancers du poumon non à petites cellules (Tan et al., 2009).

A l'heure actuelle, il n'existe donc pas sur le marché de traitement capable de restaurer l'apoptose des cellules tumorales même si de nombreux traitements –notamment sur TRAIL et Bcl-2- sont en cours de développement. L'efficacité des traitements basés sur TRAIL est limitée sans doute parce que les cellules tumorales sont capables de développer des résistances suite à la mutation de protéines essentielles au fonctionnement des voies pro-apoptotiques médiées par TRAIL ou bien à cause de l'expression des Decoy Receptor TRAIL-R3 et TRAIL-R4. Concernant les traitements Bcl-2, les traitements les plus avancés ne représentent véritablement pas de bénéfices par rapport aux chimiothérapies pré-existantes en termes d'efficacité de traitement. Il est donc nécessaire de trouver de nouvelles pistes de traitement. Une nouvelle piste est le ciblage de nouvelles voies pro-apoptotique comme celle médiée par les récepteurs à dépendance. Ces voies sont actuellement assez mal décrites du point de vue de leur signalisation mais ont déjà révélé leur implication dans le contrôle de la tumorigenèse. Leur étude présente donc un intérêt particulier car elle pourrait permettre l'identification de nouvelles cibles thérapeutiques.

Chapitre II : Signalisation pro-apoptotique des récepteurs à dépendance : de nouvelles perspectives thérapeutiques ?

I. La famille des récepteurs à dépendance

A. *P75^{NTR} le membre commun aux récepteurs de mort et récepteurs à dépendance*

De manière générale, les récepteurs transmembranaires sont capables de transduire un signal intracellulaire uniquement lorsqu'ils sont liés à leur ligand. C'est par exemple ainsi que les récepteurs de mort induisent l'apoptose comme nous l'avons vu précédemment.

Toutefois, au sein de la superfamille des récepteurs au TNF, le rôle de récepteur de mort de p75^{NTR} est fortement remis en question. Il a été montré *in vitro* que p75^{NTR} était un récepteur de mort car il est capable d'induire en présence de NGF l'apoptose de motoneurones, de précurseurs de cellules sympathiques ou encore de lignées de neuroblastomes (Bredesen et al., 2005; Salehi et al., 2000; Sedel et al., 1999). De façon contradictoire, il a été démontré dans d'autres types cellulaires *in vitro* et *in vivo* que le récepteur p75^{NTR} était capable d'induire un signal de survie cellulaire en présence de son ligand et un signal de mort cellulaire en absence de son ligand le NGF remettant en question sa fonction unique de récepteur de mort et démontrant également qu'un récepteur peut être actif et induire l'apoptose en absence de ligand (Bredesen et al., 2006; Rabizadeh et al., 1993).

En effet, il a été montré que p75^{NTR} en s'associant avec un autre récepteur au NGF : TrkA, était capable d'induire la mort de neurones privés de NGF en culture (Bredesen et al., 2005; Yeo et al., 1997). Toutefois, TrkA ne semble pas essentiel à cette fonction pro-apoptotique de p75^{NTR} *in vivo* car les souris mutantes pour p75^{NTR} (P75$^{NTR-/-}$) présentent un nombre accru de neurones cholinergiques et une hyper-innervation de l'hippocampe. A l'inverse, les souris hétérozygotes pour le NGF (NGF$^{+/-}$) présentent une réduction du nombre de neurones cholinergiques (Bredesen et al., 2005; Naumann et al., 2002). Ainsi, ces deux phénotypes soulignent l'implication de p75^{NTR} et du NGF

46

dans la survie neuronale et mettent en évidence un nouveau rôle pro-apoptotique du récepteur p75^{NTR} en absence de son ligand le NGF.

B.   Les autres récepteurs à dépendance

En parallèle de p75^{NTR}, un autre récepteur transmembranaire avec cette double fonctionnalité pro ou anti-apopoptotique, dépendante de la fixation du ligand a été caractérisé: le récepteur DCC (*Deleted in Colorectal Carcinoma*). Ce dernier est en effet capable d'induire la mort cellulaire en absence de son ligand la Nétrine-1 et au contraire d'induire un signal de survie, de prolifération et de migration cellulaire en présence de son ligand (Mehlen et al., 1998). La dualité de fonctionnement de p75^{NTR} et DCC a pour conséquence un état de dépendance de la cellule à la présence de ligand pour survivre d'où leur nomination de récepteurs à dépendance.

Depuis ces travaux, 14 autres récepteurs à dépendance ont été identifiés : les récepteurs UNC5H1, UNC5H2, UNC5H3 et UNC5H4(*Uncoodinated 5 Homologous*), Ptc (*Patched*), Néogénine, AR (*Androgen Receptor*), les intégrines $\alpha_V\beta_3$ et $\alpha_5\beta_1$ ainsi qu'un groupe de récepteurs à activité tyrosine kinase : EphA4 (*Ephrin A4*), TrkC (*Tropomyosin-like receptor kinase C*), RET (*REarranged during Transfection*), ALK (*Anaplastic Lymphoma Kinase*), et MET (figure 10)(Mehlen, 2005; Mehlen and Guenebeaud, 2009). A l'exception du récepteur aux androgènes, les récepteurs à dépendance sont transmembranaires.

Ces récepteurs ont pour ligand respectif le NGF (p75^{NTR}), la Nétrine-1 (DCC et UNC5H1-4), Sonic Hedgehog (Ptc), RGM (*Repulsive Guidance Molecule* pour Néogénine), les androgènes (AR), la matrice extracellulaire (intégrines), EphrineB3 (EphA4), la neurotrophine-3 (TrkC), le GDNF (*Glial cell line-Derived Neurotrophic Factor* pour RET), et HGF/SF (*Hepatocyte growth factor-scatter factor* pour MET) (figure 10)(Mehlen, 2005).

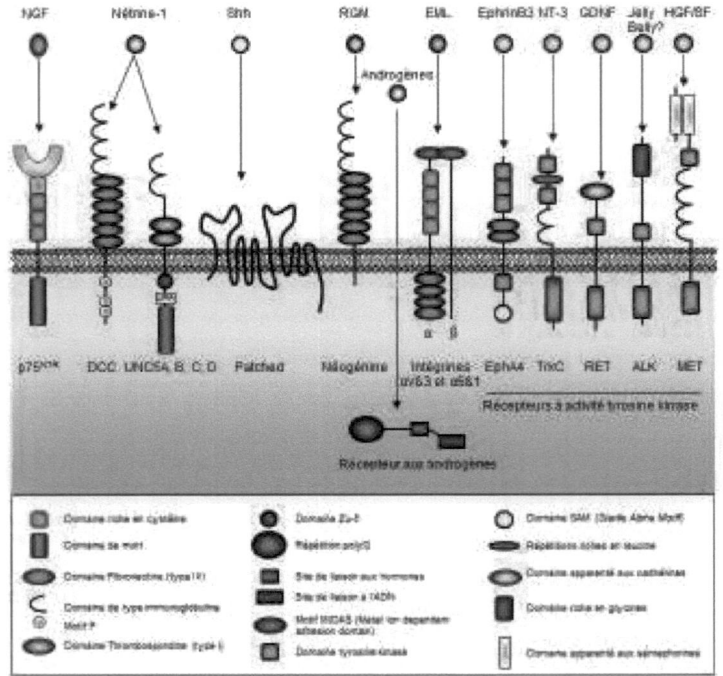

Figure 10 : Structure de la famille des récepteurs à dépendance
Bien que partageant un mode de fonctionnement commun, les récepteurs à dépendance ne représentent pas une famille structurale commune Ghartit.

Le ligand du récepteur à dépendance ALK n'a pour l'instant pas été identifié chez l'Homme. A l'heure actuelle, un candidat a été décrit chez la drosophile : la protéine Jelly belly (Jeb). Cette protéine s'exprime dans les mêmes tissus que l'homologue du récepteur ALK chez la drosopile : DALK (*Drosophila ALK*), et la perte de fonction de Jelly Belly ou DALK donne un phénotype similaire caractérisé par un développement anormal du mésoderme viscéral et du lobe optique (Allouche, 2007; Bazigou et al., 2007). En outre, des études *in vitro* ont montré que Jelly belly interagit et active ALK stimulant ainsi la différenciation puis la fusion des muscles viscéraux et confirmant que Jelly belly est un ligand de ALK chez la drosophile (Englund et al., 2003; Lee et al., 2003). L'homologue fonctionnel de Jelly belly chez les mammifères

48

reste à identifier et il semblerait que sa structure ne soit pas conservée car il a été montré que la protéine Jelly belly ne permet pas d'activer la protéine ALK murine dans des cellules en culture (Yang et al., 2007a).

II.   Signalisation des récepteurs à dépendance

Les récepteurs à dépendance sont tous capables d'induire deux types de signalisation. En présence de leur ligand, ces récepteurs sont capables d'induire une signalisation dîte « positive » aboutissant à la stimulation de la prolifération, de la survie ou bien encore de la migration cellulaire. Au contraire, en absence de leurs ligands, les récepteurs à dépendance induisent une signalisation dite « négative » ou pro-apoptotique. Alors que les récepteurs à dépendance en présence de leurs ligands participent à de nombreux processus physiologiques tels que le guidage axonal ou bien encore la migration cellulaire expliquant la divergence des voies de signalisation positives (comme nous le verrons par la suite pour les récepteurs DCC et UNC5H), ils induisent tous l'apoptose en absence de leur ligand selon un mécanisme assez commun.

A.   Points communs des récepteurs à dépendance : les étapes de leur signalisation apoptotique

1.   Chronologie de l'induction de l'apoptose par les récepteurs à dépendance

Deux étapes sont essentielles à l'induction de l'apoptose par les récepteurs à dépendance en absence de leur ligand (figure 11) : (i) un clivage du domaine intracellulaire par des protéases telles que la caspase 3 qui permet l'exposition d'un domaine ADD (*Addiction/Dependence Domain*) et (ii) le recrutement de partenaires pro-apoptotiques par cet ADD (figure 11) qui vont conduire à l'activation des caspases effectrices dont la caspase 3 et ainsi à une boucle d'amplification positive du signal apoptotique.

Récepteur à dépendance	En absence de ligand					Références
	Clivage par la caspase 3 (in vitro)	Site de clivage (in vitro)	Protéines recrutées par l'ADD	Caspase initiatrice activée	Complexe d'activation des caspases	
p75NTR	oui	ND	NRAGE ?	ND	apoptosome	(Kelin et al. 2004; Rasemann et al. 1995)
DCC	oui	D1290	APPL1	caspase 9	indépendant de l'apoptosome	(Forcet et al. 2006; Mehlen et al. 2000)
UNC5H1	oui	D412	NRAGE, DAPK?	ND	ND	(Llambi et al. 2001; Williams et al. 2003)
UNC5H2	oui	D412	DAPK	ND	ND	(Llambi et al. 2001; Williams et al. 2003)
UNC5H3	oui	D412	DAPK?	ND	ND	(Llambi et al. 2001; Williams et al. 2003)
UNC5H4	oui	D412	ND	ND	ND	(Wang et al. 2009)
Ptc	oui	D1392	DRAL/TUCAN	caspase 9	DRALosome	(Mille et al. 2009; Thibert et al. 2003)
Néogénine	oui	D1323	DAPK	ND	ND	(Matsunaga et al. 2004)
AR	oui	D146	ND	caspase 9 ?	apoptosome ?	(Ellerby et al. 1999)
intégrines αVβ3 et α5β1	ND	ND	ND	ND	ND	(Stupack et al. 2001)
EphA4	oui	D773/774	ND	caspase 8	indépendant du DISC	(Furne et al. 2009; Depaepe et al. 2005)
TrkC	oui	D485 et D641	ND	ND	ND	(Nikoletopoulou et al. 1994; Tauszig-Delamasure et al. 2007)
RET	oui	D707 et D1017	ND	ND	ND	(Bordeaux et al. 2000; Arighi et al. 2005)
ALK	oui	D1160	ND	caspase 9	apoptosome	(Mourali et al. 2006; Bazzola et al. 1997)
MET	oui	D1000	ND	ND	ND	(Tulasne et al. 2004)

Figure 11 : Tableau récapitulatif des principales étapes de signalisation des récepteurs à dépendance.

En absence de leurs ligands, les récepteurs à dépendance sont clivés par la caspase 3 (à l'exception des intégrines et de p75NTR) ce qui permet l'exposition de leur domaine ADD et le recrutement via ce domaine de protéines pro-apoptotiques. Dans le cas des récepteurs UNC5H, il a été montré que la DAPK était capable d'interagir avec UNC5H1, UNC5H2 et UNC5H3 mais la démonstration de son intervention fonctionnelle n'a été réalisée que pour le récepteur UNC5H2.

[ND : non déterminé; - : non analysable car récepteur cytoplasmique].

Il est à souligner que le clivage par la caspase 3 *in vitro* est un évènement commun et indispensable à l'induction de l'apoptose par l'ensemble des récepteurs à dépendance (non-déterminé pour les intégrines $\alpha_V\beta_3$ et $\alpha_5\beta_1$ et p75^{NTR}). En effet, la mutation du site de clivage par la caspase 3 (D→N) conduit à une perte de la fonction pro-apoptotique des récepteurs indiquant que cette étape est précoce dans la voie de signalisation et critique pour l'induction de l'apoptose. De plus sous certaines conditions, la mutation du site de clivage donne naissance à une activité dominant négatif des récepteurs mutés. Par exemple, le domaine intracellulaire muté du récepteur UNC5H2 (UNC5H2-IC-D412N) inhibe *in vitro* la signalisation apoptotique induite par

50

l'ensemble des récepteurs UNC5H et de même, le domaine intracellulaire muté de la protéine DCC (DCC-IC-D1290N) inhibe la voie de signalisation apoptotique induite par DCC (Llambi et al., 2005; Mehlen et al., 1998).

Cette activation de la caspase 3 reste à confirmer *in vivo* et son caractère précoce dans la signalisation apoptotique est sujet à controverse. En effet, il est admis que les caspases sont activées en réponse à un stimulus apoptotique et il peut paraître paradoxal que l'activité de la caspase 3 soit une étape initiatrice de l'apoptose médiée par les récepteurs à dépendance. Toutefois, il existe une classe de protéines inhibant les caspases en absence de stimuli apoptotique : les IAPs, suggérant qu'il existe à l'état normal une activité caspase basale insuffisante à l'induction de l'apoptose mais qui pourrait être suffisante au clivage des récepteurs à dépendance en absence de ligand.

2.   *Définition et structure des domaines ADD*

Le clivage des récepteurs en absence de ligand permet l'exposition des domaines ADD qui ont une localisation et une structure variable ne comprenant pas nécessairement de domaines d'homologies : ils peuvent correspondre au fragment issu du clivage par les caspases dans le cas des récepteurs UNC5H, RET, TrkC, et MET (figure 12)(Bordeaux et al., 2000; Llambi et al., 2001; Tauszig-Delamasure et al., 2007; Tulasne et al., 2004; Wang et al., 2008), ou bien correspondre au domaine intracellulaire situé en amont du site de clivage comme pour les récepteurs DCC, Néogénine, EphA4, Alk et Ptc (figure 12) (Ellerby et al., 1999; Furne et al., 2009; Matsunaga et al., 2004; Mehlen et al., 1998; Mourali et al., 2006; Thibert et al., 2003). Les domaines ADD du récepteur aux androgènes, de p75^{NTR} et des intégrines n'ont pour l'instant pas été clairement identifiés. Il semble que le pouvoir pro-apoptotique du récepteur aux androgènes soit directement lié à une expansion polyglutamique en N-terminal (Ellerby et al., 1999). Le clivage par la caspase 3 pourrait permettre la libération de ce fragment et être à l'origine de la fonction pro-apoptotique du récepteur aux androgènes (LaFevre-Bernt and Ellerby, 2003; Young et al., 2009). Enfin, le site de clivage des intégrines et de p75^{NTR} par les caspases n'a pas été identifié mais les domaines responsables du pouvoir pro-apoptotique de ces récepteurs seraient un domaine situé sur les chaines β à un niveau sous-membranaire pour les intégrines, et le domaine intracellulaire pour p75^{NTR} (figure 12)(Bredesen et al., 2005; Stupack et al., 2001).

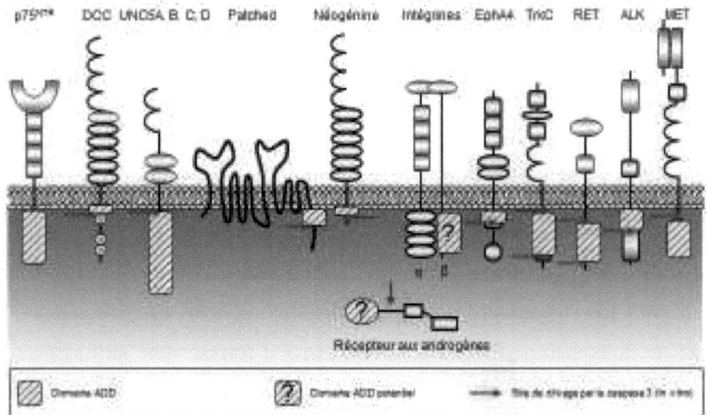

Figure 12 : Localisation des sites de clivage, des domaines ADD et résumé des connaissances actuelles sur la signalisation apoptotique des récepteurs à dépendance.
En absence de leurs ligands respectifs, les récepteurs à dépendance sont clivés et exposent un domaine ADD. Ce dernier correspond à un domaine en amont du site de clivage ou bien à un fragment protéique libéré par le clivage. Dans le cas des intégrines, et du récepteur aux androgènes, les domaines ADD représentés sont hypothétiques, leur implication dans le processus apoptotique restant à démontrer.

3. *Activation des caspases par les domaines ADD.*

Les domaines ADD ayant une structure variable, cela suggère que chaque récepteur à dépendance recrute des partenaires pro-apoptotiques propres. Toutefois, plusieurs récepteurs à dépendance activent des complexes d'activation des caspases initiatrices décrits précédemment (voir Chapitre I), ou bien recrutent les mêmes protéines pro-apoptotiques (cf. figure 11).

Ainsi, en absence de leur ligand, ALK et le récepteur aux androgènes sont capables d'induire la formation de l'apoptosome (Allouche, 2007; LaFevre-Bernt and Ellerby, 2003; Young et al., 2009). Il est à noter que dans le cas du récepteur aux androgènes, l'activation de l'apoptosome n'a été observée qu'en condition pathologique (maladie de Kennedy) suite à l'expansion du domaine polyglutamine du récepteur. Ce domaine serait libéré en absence de ligand après clivage par la caspase 3 et a une forte activité cytotoxique via l'induction de la voie intrinsèque induisant notamment une dégénérescence neuromusculaire (Young et al., 2009). Les protéines P75^{NTR} et UNC5H1 sont capables d'induire l'apoptose suite au recrutement de la protéine NRAGE ; protéine capable d'induire l'activation de la voie JNK, la formation de l'apoptosome et l'activation de la caspase 9 (Salehi et al., 2000; Williams et al., 2003a).

Au contraire, d'autres récepteurs à dépendance activent les caspases au sein de complexes qui leurs sont propres. Ainsi, le récepteur DCC est capable d'activer la caspase 9 dans des cellules déficientes pour Apaf-1 et donc de manière apoptosome-indépendante (Mehlen et al., 1998) et les intégrines sont capables d'activer la caspase 8 indépendamment de la formation du DISC (Stupack et al., 2001). Enfin, Ptc est capable d'activer la caspase-9 au sein d'un nouveau complexe d'activation des caspases comprenant les protéines DRAL et TUCAN : le DRALosome, sans l'intervention d'Apaf-1 ou du cytochrome C (figure 11)(Mille et al., 2009b).

D'autre part, les récepteurs Néogénine et UNC5H2 sont capable d'induire l'apoptose suite au recrutement de la DAPk à l'origine de l'activation de la caspase 3 (*Death Associated Protein Kinase*) (mécanisme détaillé dans le paragraphe III.C.2 p45) (Fujita et al., 2008; Llambi et al., 2005).

Enfin, il est à noter que le récepteur Ptc est également capable en absence de son ligand d'induire une inhibition transcriptionnelle en inhibant les facteurs activateurs de transcription Gli (*Glioma*) régulant des gènes inhibiteurs de l'apoptose tels que *bcl-2* (Cayuso et al., 2006; Rahnama et al., 2006).

B.   *Régulation du switch survie cellulaire/apoptose*

En absence de ligand, les récepteurs à dépendance sont clivés exposant alors leur domaine ADD, étape indispensable à l'induction de l'apoptose. Pour expliquer pourquoi ce phénomène ne se produit qu'en absence de ligand, une hypothèse est que les sites de clivage des récepteurs à dépendance sont masqués ou inaccessibles pour les caspases lorsque le ligand est fixé sur son récepteur. Plusieurs modifications des récepteurs à dépendance –actuellement décrites essentiellement pour les récepteurs UNC5H et/ou DCC- peuvent être à l'origine de ce masquage : (i) leur oligomérisation, (ii) leur localisation en dehors des rafts (iii) une modification de leur conformation et/ou (iv) leur phosphorylation.

1.   *Régulation par oligomérisation*

En présence de Nétrine-1, il a été montré que les récepteurs UNC5H et DCC étaient capable de s'oligomériser, phénomène inhibant l'induction de l'apoptose. En effet, il a été montré par des expériences de co-immunoprécipitations en présence de Nétrine-1 que les récepteurs DCC et UNC5H2 étaient capables de former des homo-oligomères ; phénomène amplifié en présence de Nétrine-1. De plus, il a été montré par des tests de mort *in vitro* que la dimérisation forcée de DCC ou du récepteur UNC5H2 inhibait le pouvoir pro-apoptotique de ces deux récepteurs à dépendance (Mille et al., 2009a). Il est à noter que ce phénomène d'oligomérisation en présence de ligand est conservé par les récepteurs à activité tyrosine kinase (i.e : RET, TrkC, ALK, MET et EphA4) qui sont capables de s'homodimériser en présence de leur ligand. Par ailleurs, le récepteur P75[NTR] est capable de former des hétéro-oligomères avec le récepteur TrkA en présence de son ligand le NGF et le récepteur EphA4 serait également capable de former des homo-oligomères via une interaction entre les domaines intracellulaires SAM (Stapleton et al., 1999).

2.   *Régulation par la localisation dans les rafts*

Bien qu'il ait été montré pour les récepteurs UNC5H et DCC qu'une localisation dans les rafts était indispensable à l'induction de l'apoptose et en particulier pour l'activation de la DAPk dans le cas du récepteur UNC5H2 ; dans le cas de DCC, cette même localisation est également indispensable à l'activation de la voie de signalisation positive en présence de Nétrine-1 (Furne et al., 2006; Herincs et al., 2005;

Maisse et al., 2008). Ainsi, il semble que le changement de localisation membranaire (i.e. exclusion ou inclusion dans les rafts) ne soit pas un élément déterminant pour la fonction pro ou anti-apoptotique des récepteurs à dépendance. De plus, l'importance de la localisation des autres récepteurs à dépendance pour leur fonction pro-apoptotique n'a pour l'instant pas été démontrée.

3. *Régulation par modification conformationnelle du récepteur*

En revanche, il a été montré récemment par des analyses de cristallographie que le domaine intracellulaire du récepteur UNC5H2 est capable d'adopter deux conformations directement liée à son pouvoir pro-apoptotique. En effet, le récepteur UNC5H2 serait capable d'adopter une conformation « fermée » non-apoptotique où le domaine de mort interagissant serait masqué via son interaction avec un autre domaine appelé ZU-5 formant un « supramodule » inhibiteur de l'apoptose. En effet, ce masquage du domaine ADD est associé à la perte de fonction apoptotique du récepteur UNC5H2, phénomène qui pourrait être lié à une inhibition du recrutement de partenaires pro-apoptotiques. Par ailleurs, le domaine intracellulaire du récepteur UNC5H2 est capable d'adopter une conformation « ouverte » pro-apoptotique où le supramodule disparaît et permet une libération du domaine de mort, et l'induction de l'apoptose via le recrutement de partenaires pro-apoptotiques (figure 13). Le rôle de la Nétrine-1 sur cette modification conformationnelle reste à étudier et une hypothèse est que cette conformation est sous le contrôle d'un mécanisme de phosphorylation Nétrine-1 dépendant. Par ailleurs, ce mécanisme de régulation n'a pour l'instant pas été mis en évidence pour les autres récepteurs à dépendance.

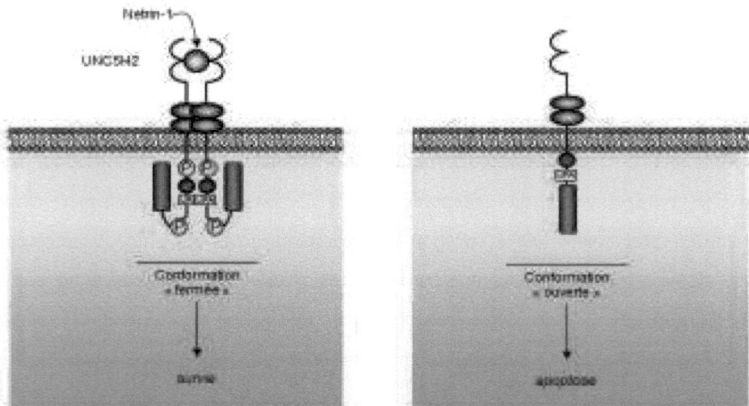

Figure 13: Modification conformationnelle d'UNC5H2 et de son pouvoir apoptotique induit par la Nétrine-1
En présence de Nétrine-1, UNC5H2 adopte une conformation fermée anti-apoptotique où son domaine ZU-5 et son domaine de mort interagissent. Sous cette forme le récepteur est phosphorylé et induirait la voie de signalisation positive. Au contraire, en absence de Nétrine-1, le récepteur adopte une conformation ouverte et induit l'apoptose.

4. *Régulation par phosphorylation*

Il a été montré qu'en présence de Nétrine-1, le récepteur UNC5H2 est phosphorylé sur son domaine intracellulaire, de part et d'autre du domaine ZU-5 (Y449, Y454, Y649 et Y667) par les tyrosines kinases Fyn, FAK, et Src et que cette phosphorylation est à l'origine de la perte de fonction apoptotique du récepteur UNC5H2 (Ren et al., 2008). Ainsi, il serait particulièrement intéresant d'étudier l'influence de cette phosphorylation sur la conformation du domaine intracellulaire du récepteur UNC5H2.

De manière similaire, en présence de leurs ligands, les intégrines et DCC (Y1420) sont phosphorylés par Src et FAK médiant ainsi la survie et la migration cellulaire (Courter et al., 2005; Eliceiri et al., 2002; Li et al., 2006b; Ren et al., 2004;

56

Wu et al., 2008). Il a également été montré que l'activité pro-apoptotique du récepteur aux androgènes était régulée par phosphorylation sur la sérine 514 ce qui empêche le clivage par la caspase 3 et l'induction de l'apoptose. *In vitro*, il semble que la protéine kinase responsable de cette phosphorylation soit la protéine MEK1/2 car l'utilisation d'un inhibiteur de cette kinase (U0126) bloque la phosphorylation et restaure le pouvoir pro-apoptotique du récepteur aux androgènes (LaFevre-Bernt and Ellerby, 2003).

En résumé, en absence de leur ligand, les récepteurs à dépendance sont clivés par les caspases ce qui permet l'exposition de leur domaine ADD et le recrutement de partenaires pro-apoptotiques. Ces évènements peuvent être régulés par de nombreux mécanismes impliqués plus particulièrement dans la signalisation des récepteurs UNC5H2 et DCC. Ces récepteurs à la Nétrine-1 étant parmi les premiers récepteurs à dépendance caractérisé, il est probable que des éléments régulateurs communs seront bientôt identifiés pour les autres récepteurs à dépendance plus récemment identifiés. De plus, de part l'implication des récepteurs DCC et UNC5H et leur ligand dans la tumorigenèse, il n'est pas étonnant que leur signalisation soit particulièrement documentée comme nous allons le voir.

III.   La Nétrine-1 et ses récepteurs : structures et signalisations induites par les récepteurs DCC et UNC5H

Les récepteurs à Nétrine-1 étant les prototypes des récepteurs à dépendance, je vais plus particulièrement développer les connaissances actuelles sur la signalisation et sur le rôle physiologique des récepteurs DCC et UNC5H.

A.   Structure des récepteurs à la Nétrine-1 et de leur ligand

1.   Structure de la Nétrine-1

La famille des Nétrines regroupe des protéines sécrétées de 60-80KDa, très conservées au cours de l'évolution et appartenant au groupe des laminines, protéines principales composantes des membranes basales. Les Nétrines ont inialement été décrites comme des facteurs chimiotropiques indispensables au guidage de certains axones et neurones au cours de la mise en place du système nerveux. Chez l'homme, il existe cinq Nétrines différentes : la Nétrine-1, la Nétrine-3, la Nétrine-4 ainsi que les Nétrines G1 et G2 mais toutes les Nétrines ne sont pas conservées entre les espèces. Ainsi, chez le zebrafish la Nétrine-1a, Nétrine-1b (ces deux dernières présentant plus de 80% d'identités de séquences avec la Nétrine-1 humaine), Nétrine-2 et Nétrine-4 ont été décrites ; mais pas les Nétrines G.

D'un point de vue structural, les Nétrines sont composées de 3 domaines : un peptide signal (extrémité N-Terminale), un domaine d'homologie aux laminines (domaine VI), trois domaines d'homologies à l'EGF (domaines V1, V2 et V3) et un domaine C-Terminal (domaine C), n'ayant pas d'homologie particulière mais apparenté à certains domaines du récepteur Frizzled (récepteur des morphogènes Wnt) (figure 14). Les Nétrines G possèdent également en C-terminal un domaine d'ancrage à la membrane nommé : GlucosylPhosphatidylInnositol (GPI).

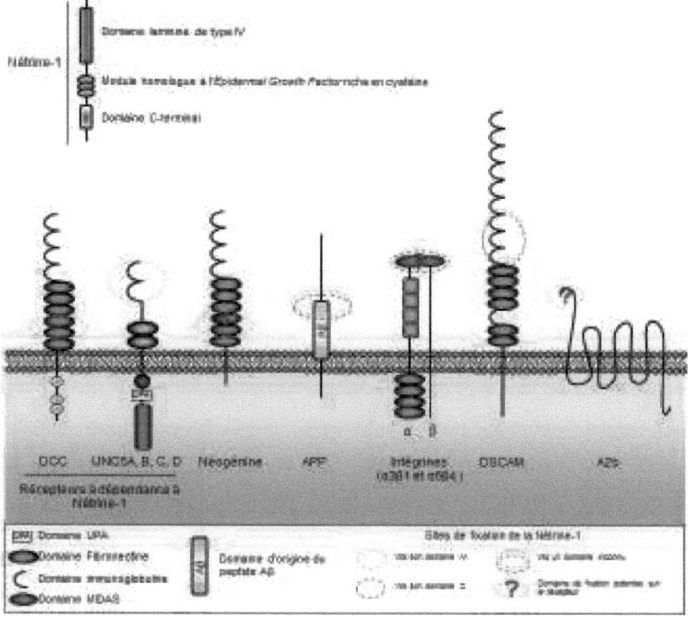

Figure 14 : Structure de la Nétrine-1 et de ses récepteurs
La Nétrine-1 est une protéine appartenant à la famille des laminines capable de fixer le domaine extracellulaire de plusieurs récepteurs via son domaine C-terminal ou son domaine apparenté aux laminines de type IV. Ces 8 récepteurs ont un domaine de fixation à la Nétrine-1 variable : domaine fibronectine 4-5 pour DCC, domaines Ig pour UNC5H, extrémité N-terminale du domaine Aβ (APP) et domaines Ig 7-9 (DSCAM). Les domaines de fixation de Néogénine, des intégrines α3β1 et α6β4 et de A2v indiqués sont hypothétiques.

Le domaine C est le domaine le moins conservé entre les espèces et ne semble pas nécessaire à la fonction propre des Nétrines. Parmi les Nétrines, la Nétrine-1 correspond au ligand des récepteurs à dépendance UNC5H et DCC (appelés récepteurs à dépendance à Nétrine-1 par la suite). La Nétrine-1 est également capable de se lier à d'autres récepteurs sans pour autant induire un état de dépendance vital des cellules. Nous appelerons donc plus simplement ces autres récepteurs : récepteurs à la Nétrine-1. La Nétrine-1 est capable d'interagir avec ses récepteurs via deux domaines : son domaine C et son domaine VI. Alors que son domaine C est riche en acides aminés basiques et capable de lier l'héparine, les héparanes sulfates et les glycolipides, permettant aux Nétrines de fixer différents composants de la matrice extracellulaire de manière aspécifique tels que les intégrines (Keino-Masu et al., 1996; Serafini et al., 1994; Yebra et al., 2003), le domaine VI de la Nétrine-1 de part sa structure globulaire reconnaît spécifiquement des domaines extracellulaires des récepteurs UNC5H, et DCC (figure 14).

2. *Les récepteurs à dépendance à Nétrine-1*

Bien qu'ayant un ligand commun, les récepteurs DCC et UNC5H ont une structure très différente (figure 14). La Nétrine-1 est capable de lier la partie extracellulaire de ces deux récepteurs respectivement au niveau de leurs domaines fibronectines 4 et 5, et de leurs deux domaines immunoglobulines (figure 14)(Bennett et al., 1997; Geisbrecht et al., 2003; Kruger et al., 2004). En particulier, dans le cas du récepteur DCC, il est à noter qu'il existe une controverse concernant son domaine d'interaction avec la Nétrine-1. En effet, alors que les groupes Leahy et Linsley ont montré notamment par des expériences de *pull-down* que la Nétrine-1 interagissait avec le 5ème domaine fibronectine du récepteur DCC, le groupe Guan a montré par des expériences de co-immunoprécipitations que la Nétrine-1 était capable d'interagir avec le 4ème domaine fibronectine de DCC. Au laboratoire, nous avons réconcilié ces deux études puisque nous avons montré en test ELISA que deux peptides recombinants correspondants respectivement au 4ème domaine fibronectine (DCC-4Fbn) et au 5ème domaine fibronectine (DCC-5Fbn) de DCC étaient tous deux capables d'interagir avec la Nétrine-1. De plus, par des expériences d'immunofluorescence, nous avons mis en évidence que ces deux peptides sont capables de se fixer aux membranes cellulaires où ils colocalisent avec la Nétrine-1 endogène produite par des cellules (lignées tumorales à expression autocrine de Nétrine-1), et l'ajout de Nétrine-1 exogène inhibe cette colocalisation (donnée non-publiée). D'un point de vue plus fonctionnel il a également été montré que ces deux peptides (DCC-4Fbn et DCC-5Fbn) étaient capables d'induire la mort cellulaire de cellules Nétrine-1 dépendantes exprimant les récepteurs UNC5H ou DCC suggérant que ces deux peptides sont capables de titrer la Nétrine-1 et/ou d'inhiber sa fonction anti-apoptotique médiée à la fois par les récepteurs à dépendance UNC5H et DCC. Ainsi, l'ensemble de ces données suggère que la Nétrine-1 est capable d'interagir à la fois avec les domaines fibronectines 4 et 5 du récepteur à dépendance

DCC, et que cette interaction est nécessaire à la fonction anti-apoptotique de la Nétrine-1.

Alors que le domaine intracellulaire du récepteur DCC ne contient pas de domaine particulier impliqué dans les processus apoptotiques, le domaine intracellulaire des récepteurs UNC5H comporte : un domaine de mort (DD) et un domaine ZU-5 (*Zona Occludens/Unc5 homology domain*) indispensables à sa fonction pro-apoptotique (figure 14). En effet, la délétion de ces deux domaines sur les récepteurs UNC5H est associée à une perte de leur pouvoir pro-apoptotique lorsqu'ils sont surexprimés dans des cellules en culture (Llambi et al., 2001; Williams et al., 2003a). Outre ces deux domaines, les récepteurs UNC5H sont également constitués d'un domaine de liaison à DCC (DB pour *DCC Binding*) également appelé UPA car conservé entre les protéines UNC5H, PIDD et les Ankyrines. Ce dernier domaine n'est pas indispensable au pouvoir pro-apoptotique des récepteurs UNC5H car les protéines UNC5H2-WT et UNC5H2ΔUPA induisent la mort cellulaire de manière similaire sur des cellules en culture. Toutefois, il semble que la conformation du domaine UPA soit capable de stimuler ou bien d'inhiber le pouvoir pro-apoptotique du récepteur UNC5H2 en modulant la conformation entière du domaine intracellulaire (cf figure 13)(Wang et al., 2009a).

3.   *Les autres récepteurs à la Nétrine-1*

La Nétrine-1 est également capable de se fixer sur d'autres récepteurs transmembranaires tels que Néogénine, les intégrines $\alpha_3\beta_1$ et $\alpha_6\beta_4$, APP, DSCAM (*Down Syndrome Cell Adhesion Molecule*) ou encore A2b (Corset et al., 2000; Liu et al., 2009; Lourenco et al., 2009; Ly et al., 2008; Srinivasan et al., 2003; Yebra et al., 2003). Bien que le domaine d'interaction de Néogénine, d'A2b et des intégrines avec la Nétrine-1 n'ait pour l'instant pas été identifié, la forte homologie structurale de Néogénine et DCC ainsi que la structure du domaine extracellulaire des intégrines $\alpha_3\beta_1$ et $\alpha_6\beta_4$ suggère que ceux sont leurs domaines fibronectines 4-5 et leurs domaines MIDAS respectifs qui sont responsables de la liaison de la Nétrine-1 (figure 14). Le récepteur APP lie la Nétrine-1 au niveau de la partie N-terminale du domaine Aβ et le récepteur DSCAM au niveau de ses domaines immunoglobulines 7,8,9 (figure 14) (Liu et al., 2009; Lourenco et al., 2009; Ly et al., 2008).

Ces récepteurs n'ont pas été caractérisés comme des récepteurs à dépendance à Nétrine-1 mais modulent l'action de la Nétrine-1 dans divers processus physiologiques tels que la survie cellulaire, le guidage axonal et la morphogenèse de certains organes que je détaillerai dans la partie IV de ce chapitre.

B. *Signalisation positive des récepteurs DCC et UNC5H en présence de Nétrine-1*

En présence de Nétrine, les récepteurs UNC5H et DCC activent trois types de voies de signalisation faisant intervenir (i) de nombreuses protéines kinases, (ii) certaines RhoGTPases ou (iii) permettant de moduler la concentration cytosolique de calcium. Ces voies stimuleraient ainsi la prolifération et la survie cellulaire et permettraient également de remodeler le cytosquelette, élément essentiel à l'une des fonctions majeures des récepteurs UNC5H et DCC : le guidage axonal consistant en la projection et à l'orientation d'axones à partir de corps cellulaires neuronaux (voir paragraphe IV page 48)(Mehlen and Furne, 2005).

1. *Voie des protéines kinases*

En présence de Nétrine-1, les récepteurs UNC5H et DCC sont présents dans les membranes des cellules à l'état d'oligomères, localisés dans les rafts dans le cas du récepteur DCC. Sous cette forme, les récepteurs UNC5H et DCC sont phosphorylés via l'intervention des protéines kinases FAK, Fyn et la famille Src (Li et al., 2006b; Ren et al., 2008). Sous leur forme phosphorylés, les récepteurs DCC et UNC5H vont activer des protéines kinases effectrices : PI(3)K, Akt et ERK1/2 (Forcet et al., 2002; Nguyen and Cai, 2006; Tang et al., 2008). Il est à noter que dans le cas du récepteur UNC5H2 l'activation de cette deuxième série de protéine kinase se fait via l'intervention de la protéine adaptatrice à activité GTPase PIKE-L interagissant avec le domaine intracellulaire du récepteur UNC5H et son domaine de mort (figure 15)(Tang et al., 2008).

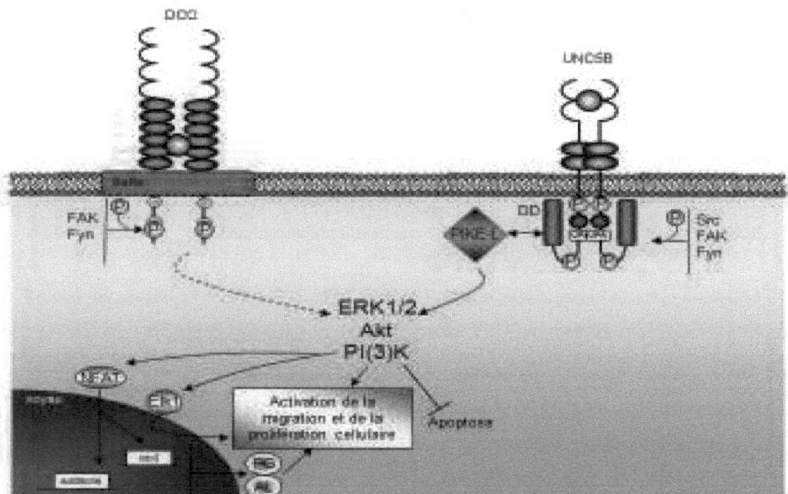

Figure 15: Signalisation positive des récepteurs DCC et UNC5H en présence de Nétrine : voie des protéines kinases

La Nétrine-1 stimule l'activation des protéines kinases Src, Fyn et FAK qui vont en retour phosphoryler le domaine intracellulaire des récepteurs des récepteurs DCC et UNC5H. Sous cette forme, les récepteurs UNC5H recrutent la protéine-GTPase PIKE-L, à l'origine de l'activation des kinases effectrices ERK1/2, Akt et PI(3)K. DCC est également capable d'activer ces protéines kinases qui vont activer la migration et la prolifération cellulaire et inhiber l'apoptose. En particulier, ERK1/2 active les facteurs de transcription NFAT et Elk1 conduisant à la formation de prostaglandines (PG) et d'acide lysophosphatidique (AL) qui vont contribuer à la migration et à la prolifération cellulaire.

Les kinases effectrices stimulent la prolifération et la survie cellulaire via les mécanismes évoqués précédemment (voir chapitre 1, IV.D p20) mais aussi par des mécanismes indépendants. En effet, il a été montré que la Nétrine-1 était capable d'induire spécifiquement via la voie ERK1/2, l'activation du facteur de transcription Elk1 (Forcet et al., 2002). Dans les mêmes conditions, DCC est capable via la voie ERK d'induire l'activation du facteur de transcription NFAT (figure 15)(Graef et al., 2003). Les cibles de ces deux régulateurs transcriptionnels sont nombreuses et comprennent : des facteurs impliqués dans la migration et la prolifération cellulaire tels que cyclooxygénase 2 (COX2) et l'autotaxine qui permettent la formation de prostaglandines (PG) et d'acide lysophosphatidique (AL) (Mancini and Toker, 2009).

Toutefois, l'implication de ces protéines dans la fonction physiologique des récepteurs DCC et UNC5H reste à démontrer.

2. *Voie d'activation des RhoGTPases*

Les récepteurs UNC5H1 et DCC sont également capable d'activer les RhoGTPases Rac1 (*Ras-related C3 botulinum toxin substrate 1*), RhoA et Cdc42 (*Cell division cycle 42*) de manière tissus-dépendante (Li et al., 2002; Picard et al., 2009; Rajasekharan et al., 2009; Shekarabi et al., 2005). Les RhoGTPases fonctionnent généralement au sein de complexes intégrant des facteurs d'échange de nucléotide guanine (GEF) qui portent du GTP (forme active des RhoGTPases) ou du GDP (forme inactive), et participent au remodelage cytosquelettique au cours du guidage axonal.

L'activation de Cdc42 et Rac1 par DCC implique le recrutement de la protéine adaptatrice Nck-1. Cette interaction est indépendante de la présence de Nétrine-1 car cette dernière n'influence pas l'interaction Nck-1/DCC observée *in vitro* sur des cellules COS7 transfectées et *in vivo* sur des cultures primaires de neurones commissuraux spinaux (Li et al., 2002). Toutefois, il a été montré que l'activation de Cdc42 et Rac1 était aussi contrôlée par les protéines kinases Src et p130cas elles-mêmes activées uniquement en présence de Nétrine-1, suggérant que cette dernière à un rôle essentiel dans l'activation de ces RhoGTPases (Liu et al., 2007). Il a également été montré que l'activation de Rac1 nécessitait la protéine GEF Trio. En effet, la délétion de cette dernière bloque l'activation de Rac-1 normalement induite par le couple DCC/Nétrine-1. Trio se localise au sein d'un complexe comprenant Nck-1 et DCC mais son site d'interaction avec Nck-1 et/ou DCC reste à identifier (figure 16)(Briancon-Marjollet et al., 2008). Les RhoGTPases Cdc42 et Rac1 ainsi activées recrutent et activent N-WASP (Neuronal Wiskott–Aldrich Syndrome Protein) et PAK1 (P21 Activated Kinase) induisant un remodelage du cytosquelette (notamment d'actine) et participant ainsi à la migration cellulaire et au guidage axonal (figure 16). DCC est également capable d'induire l'inactivation de la RhoGTPase RhoA via l'intervention de Fyn et de FAK en présence de Nétrine-1 stimulant ainsi la différenciation des oligodendrocytes via des cibles inconnues (Rajasekharan et al., 2009).

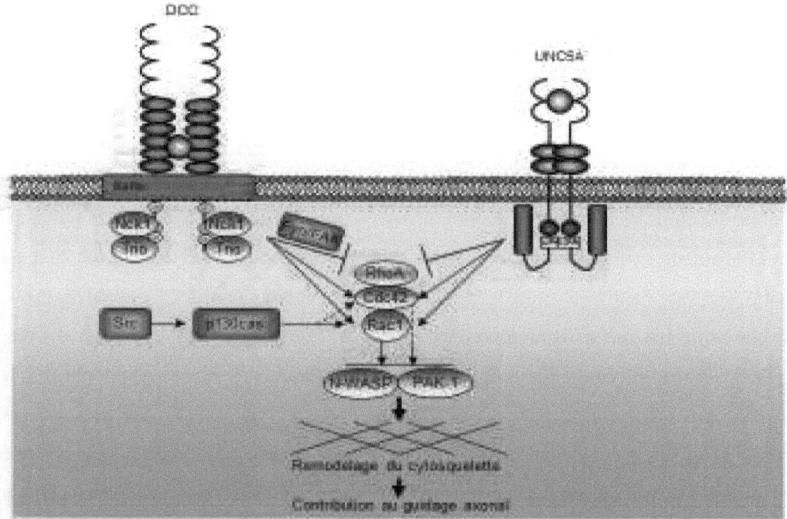

Figure 16: Signalisation positive des récepteurs DCC et UNC5H en présence de Nétrine : voie des RhoGTPases. En présence de Nétrine-1, le récepteur DCC recrute la protéine adaptatrice Nck-3, la protéine GEF Trio et active ainsi les RhoGTPases Cdc42 et Rac1. UNC5A est également capable d'activer Cdc42 et Rac1 mais le mécanisme qui en est à l'origine n'est pas connu. L'activation de Cdc42 et Rac1 est également renforcée par l'intervention des protéines kinases Src et P130cas. Enfin, Cdc42 et Rac1 activés activent à leur tour N-WASP et la protéine kinase PAK-1. A l'inverse, DCC via l'activation des protéines kinases Fyn et FAK ; ainsi que le récepteur UNC5A inhibent RhoA en présence de Nétrine-1. L'ensemble de ces événements médiés par les RhoGTPases conduit au remodelage du cytosquelette participant au guidage axonal.

UNC5H1 est également capable d'induire l'activation de Rac1, Cdc42 et RhoA en présence de Nétrine-1 dans des fibroblastes. Plus spécifiquement, l'activation de Rac1 a également été observée sur des cellules de neuroblastomes N1E-115 après traitement à la Nétrine-1 ayant pour conséquence l'induction de l'expansion de neurites via un phénomène UNC5H1 dépendant. Ainsi, l'activation de Rac1 par la Nétrine-1 pourrait être également impliquée dans le guidage axonal (figure 16). Dans cette étude, il a également été montré que le récepteur UNC5H1 délété de son domaine intracellulaire (UNC5H1ΔIC) active également Rac1 en présence de Nétrine-1. Une hypothèse pour expliquer ce résultat est la formation d'hétérodimères entre le récepteur UNC5H1ΔIC avec le récepteur UNC5H1 endogène qui pourrait transactivés Rac1

(Picard et al., 2009). L'ensemble des éléments de cette étude suggère qu'en présence de Nétrine-1, UNC5H1 est capable d'activer Cdc42, Rac1 et/ou RhoA en fonction du type cellulaire *in vitro* mais reste à confirmer *in vivo*.

3. *Modulation du taux de calcium cytosolique*

En présence de Nétrine-1, DCC et les récepteurs UNC5H sont également capables de moduler le taux de calcium, d'AMPc et de GMPc (Adénosine et Guanosine MonoPhosphate cyclique) dans le cytosol (Nishiyama et al., 2003). En effet, il a été montré sur des neurones spinaux de xénope que le récepteur DCC (endogène) est capable –via un mécanisme inconnu- d'activer l'ouverture des canaux calciques présents dans la membrane plasmique et dans la membrane du reticulum endoplasmique induisant ainsi un relargage de Ca2+ dans le cytosol (figure 17). En présence de Nétrine-1, DCC est également capable d'induire une augmentation de la concentration cytosolique d'AMPc. Cette hausse pourrait être liée à l'intervention d'un autre récepteur à la Nétrine-1 : A2b. En effet, ce récepteur appartient à la famille des récepteurs spécifiques de l'adénosine et est capable d'activer directement d'Adenylate Cyclase, enzyme responsable de la synthèse d'AMPc. De plus, A2b interagit avec DCC en présence de Nétrine-1 ce qui renforce l'idée d'une collaboration entre DCC et A2b pour la production d'AMPc (figure 17)(Corset et al., 2000). L'AMPc activerait la protéine kinase A (PKA également appelée *c-AMP-dependent protein kinase*), elle-même capable d'activer l'ouverture des canaux calcique amplifiant ainsi le relargage cytosolique du calcium. A l'inverse, lorsque le récepteur UNC5H2 est surexprimé dans ce type de neurone, aucune augmentation du calcium ou d'AMPc cytosolique n'est observée. En effet, il a été montré que l'expression du dimère UNC5H2/DCC – récepteurs intéragissant via leur domaine UPA- induit une hausse de la concentration du GMPc cytosolique qui serait à l'origine de la fermeture des canaux calciques via l'activation de la protéine kinase G (PKG également appelée *c-GMP dependent protein kinase*) (figure 17). La modulation de la concentration calcique cytosolique par les récepteurs DCC ou DCC/UNC5H2 en présence de Nétrine-1 régulerait l'activité de nombreuses protéines cytosoliques calcium-dépendante telles que la calmoduline et la calcineurine qui régulent l'activation du facteur de transcription NFAT et ainsi l'activation de gènes impliqués dans la prolifération et la migration cellulaire (cf §

précédent). Parmi les protéines calcium-dépendante, les calpaïnes pourraient également être activées par l'influx calcique et participer au remodelage cytosquelettique nécessaire au guidage des axones exprimant DCC et UNC5H2 (figure 17) (Suzuki et al., 2004). Il existe probablement d'autres mécanismes calcium-dépendant impliqués dans la signalisation positive de DCC et des récepteurs UNC5H mais ces derniers restent à identifier.

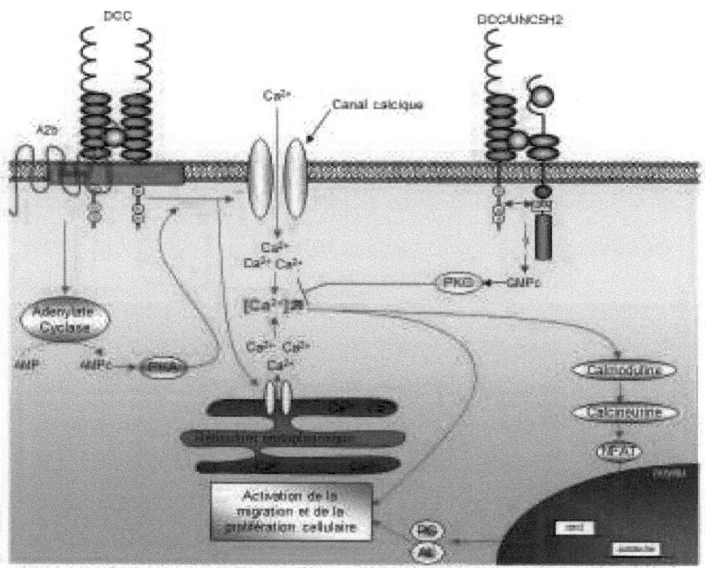

Figure 17: Signalisation positive des récepteurs DCC et UNC5H en présence de Nétrine : voie du calcium

En présence de Nétrine-1, le récepteur DCC est capable d'encrer avec A2b et d'initier ainsi un influx calcique cytoplasmique via notamment l'activation de la PKA et la production d'AMPc. A l'inverse, le récepteur DCC lorsqu'il interagit avec le récepteur UNC5H induit une augmentation du GMPc cytoplasmique et une inhibition de l'influx calcique. Cette modulation de la concentration en calcium contrôle l'activation de la migration et de la prolifération cellulaire.

C.   Signalisation pro-apoptotique des récepteurs DCC et UNC5H en absence de Nétrine-1

67

Comme nous l'avons vu précédemment, les récepteurs DCC et UNC5H, en absence de Nétrine-1, sont transloqués dans les rafts sous une forme monomérique (Furne et al., 2006; Maisse et al., 2008; Mille F, 2009) où ils sont respectivement clivés par des protéases (la caspase 3 *in vitro*) en D1290 (DCC) et D412 (UNC5H).

1. *Signalisation pro-apoptotique du récepteur DCC*

Le domaine ADD de DCC ainsi exposé, recrute la protéine DIP13α/APPL (*DCC Interacting Protein 13α/Adapter protein containing PH domain, PTB domain, and Leucine zipper motif*) et est à l'origine de l'activation de la caspase 9 par un mécanisme mal connu. Une hypothèse est que la protéine DIP13α/APPL, la pro-caspase 9 et le domaine ADD de DCC, forment un complexe sous-membranaire responsable de l'activation locale de la caspase 9. De plus, il a été montré que DIP13α/APPL était un inhibiteur de la protéine kinase anti-apoptotique Akt (inhibitrice de la caspase 9). La caspase 9 ainsi activée, activerait alors massivement la caspase 3 aboutissant d'une part à une amplification du signal apoptotique par clivage d'autres récepteurs DCC, et d'autre part à l'induction de l'apoptose (figure 18)(Liu et al., 2002; Mehlen et al., 1998).

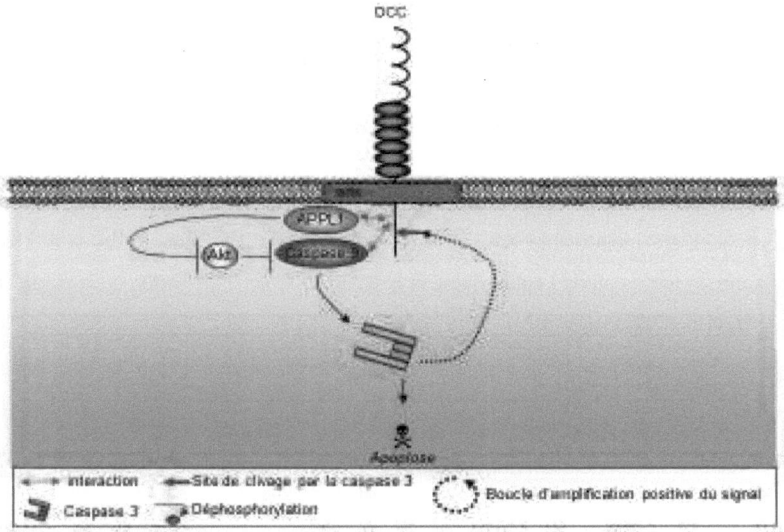

Figure 18 : **Signalisation pro-apoptotique du récepteur à dépendance DCC en absence de Nétrine-1.** En absence de Nétrine-1, DCC se relocalise dans les rafts et est clivé par la caspase 3. Ce clivage permet le recrutement de la protéine APPL1 et de la caspase 9. La caspase 9 est activée localement et active à son tour la caspase 3 induisant d'une part l'apoptose et d'autre part une boucle d'amplification positive du signal. **B. Signalisation pro-apoptotique induite par les récepteurs UNC5A et UNC5B.** En absence de Nétrine-1, ces deux récepteurs sont transloqués dans les rafts et clivés. Les fragments de clivage d'UNC5A et UNC5B recrutent respectivement via leur domaine ZU-5 et leur domaine de mort la protéine NRAGE et la DAPKinase. NRAGE active la voie JNK et inhibe la protéine XIAP et le facteur de transcription cba-3 conduisant ainsi à l'activation de la caspase 3 via. Cette activation pourrait être dépendante de l'apoptosome, mais cela reste à démontrer. La DAPkinase active également la voie JNK et active ainsi la caspase 3. La caspase 3 activée par ces deux mécanismes UNC5A et UNC5B-spécifiques va induire l'apoptose et amplifier le signal apoptotique. La DAPK est également capable de déstabiliser le cytosquelette participant ainsi plus directement au processus apoptotique.

2.   *Signalisation pro-apoptotique des récepteurs UNC5H*

Le domaine ADD des récepteurs UNC5H correspond à son domaine intracellulaire et comporte deux domaines essentiels : le ZU-5 et le Death Domain. En effet, des études *in vitro* montrent que le domaine ADD d'UNC5H1 permet le recrutement via son domaine ZU-5 de la protéine pro-apoptotique NRAGE (*Neurotrophin Receptor-interacting melanoma AntiGEn*) alors que le domaine de mort du récepteur UNC5H2 permet le recrutement de la DAPk (*Death Associated Protein*

Kinase). NRAGE et la DAPk vont induire l'activation de la voie JNK mais aussi par des mécanismes indépendants (Eisenberg-Lerner and Kimchi, 2007; Salehi et al., 2002)

NRAGE –identifiée comme interacteur d'UNC5H1 par crible double hybride– est une protéine cytoplasmique comportant un domaine d'homologie de type MAGE (*Melanoma AntiGEn*) et est capable d'induire l'apoptose via deux mécanismes : la séquestration et l'inhibition de protéines anti-apoptotiques telles que XIAP ou le facteur de transcription che-1 (Di Certo et al., 2007; Jordan et al., 2001) ; et l'activation des voies MAPK JNK et p38MAPK (Kendall et al., 2005; Salehi et al., 2002). Enfin, il a récemment été montré que NRAGE est capable via l'activation de la voie JNK, d'induire la formation de l'apoptosome et ainsi de renforcer l'activation de la caspase 9 (Salehi et al., 2002) (figure 19).

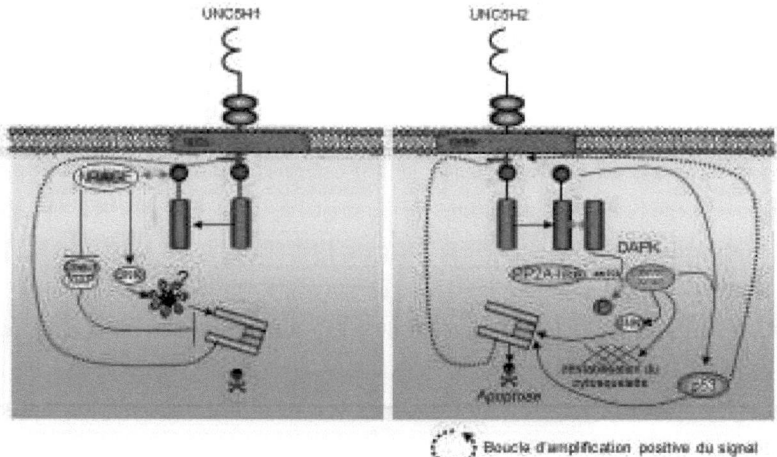

○ Boucle d'amplification positive du signal

Figure 19 : Signalisation pro-apoptotique des récepteurs à dépendance UNC5H1 et UNC5H2 en absence de Nétrine-1. En absence de Nétrine-1, ces deux récepteurs sont toxiques dans les cultures de cellules. Les fragments de clivage d'UNC5A et UNC5B montrent respectivement via leur domaine ZU-5 et leur domaine de mort la protéine NRAGE et la DAPKinase. NRAGE active la voie JNK et inhibe la protéine XIAP et le facteur de transcription che-1 conduisant ainsi à l'activation de la caspase 3 via. Cette activation pourrait être dépendante de l'apoptosome, mais cela reste à démontrer. La DAPKinase active également la voie JNK et active aussi la caspase 3. La caspase 3 activée par ces deux mécanismes UNC5A et UNC5B-spécifiques va induire l'apoptose et amplifier le signal apoptotique. UNC5B est également capable d'induire l'apoptose via l'activation de p53 par un mécanisme DAPk dépendant ou non. Enfin, la DAPk est également capable de déstabiliser le cytosquelette participant ainsi plus directement au processus apoptotique.

En parallèle, il a été montré que le domaine de mort d'UNC5H2 et de la DAPk sont fortement homologues et interagissent (Llambi et al., 2005; Williams et al., 2003a). La DAPk correspond à une protéine kinase sous membranaire à fonction pro-apoptotique (en particulier dans la réponse au stress du réticulum endoplasmique ou dans la voie induite par les céramides) capable d'interagir avec le cytosquelette et dont l'activité est modulée par le calcium via un site de liaison à la calmoduline (non-représenté sur la figure) et via l'auto-phosphorylation de la sérine 308. En absence de stimulus apoptotique, la sérine-thréonine kinase DAPk est présente à l'état phosphorylé (Ser308) et inactif dans le cytosol (Shohat et al., 2002a; Shohat et al., 2002b). Sous cette

71

forme, elle est capable d'interagir via son domaine de mort avec le domaine intracellulaire du récepteur UNC5H2. En absence de Nétrine-1, la surexpression du récepteur UNC5H2 est à l'origine de l'activation de la DAPk suite à sa déphosphorylation et à l'induction de l'apoptose (Llambi et al., 2005; Wang et al., 2009a). Cette activation par déphosphorylation implique une phosphatase et est indispensable à l'induction de l'apoptose par UNC5H2. En effet, il a été montré qu'un inhibiteur de l'activité phosphatase des complexes PP2A et PP1 (l'acide okadaïque) bloque *in vitro* la déphosphorylation de la DAPk (Gozuacik et al., 2008). D'autre part, la cotransfection d'un mutant constitutivement inactif de la DAPk (DAPk-K42A) inhibe la mort induire par la surexpression du récepteur UNC5H2 dans des cellules HEK293T (Llambi et al., 2005)(**(figure 19).**

La DAPk activée est capable d'induire l'apoptose indépendamment de la voie JNK via deux mécanismes distincts : l'inhibition de ERK et l'induction de p53. La DAPk est capable d'induire par un mécanisme inconnu la séquestration cytosolique de ERK l'empêchant ainsi d'agir sur ses cibles, mais aussi d'induire p53. En effet, il a été montré sur des fibroblastes embryonnaires de souris que la suppression de la DAPk par recombinaison homologue entraînait une diminution de l'activité de p53 et de son régulateur $p19^{ARF}$ conduisant ainsi à une réduction de l'apoptose. Au contraire, la surexpression de la DAPk dans ce même type cellulaire induit une stabilisation de p53 via un mécanisme dépendant de $p19^{ARF}$ (Raveh et al., 2001). La DAPk participerait également à la finalisation de l'apoptose en déstabilisant grâce à son activité kinase certaines protéines cytosquelettiques telles que les tubulines et les myosines (Eisenberg-Lerner and Kimchi, 2007; Shohat et al., 2002a).

Enfin, il est à noter qu'une autre étude révèle que le récepteur UNC5H2 est également capable d'induire une activation directe de l'apoptose médiée par p53 *a priori* indépendamment de la DAPk. Dans cette étude, il est également suggéré que le gène unc5h2 est une cible transcriptionnelle de p53 ce qui aboutirait à la mise en place d'une boucle d'amplification positive du signal (Tanikawa et al., 2003).

D.   *Régulation de la signalisation induite par UNC5H et DCC*

1.   **Régulation de leur fonction   par phosphorylation et localisation**

Comme nous l'avons vu précédemment (voir II.B p36), le type de signalisation médié par les récepteurs à dépendance DCC et UNC5H est directement lié à la présence ou non de Nétrine-1 qui va induire des modifications de leur état de phosphorylation, de leur localisation membranaire (rafts) et de leur conformation tridimensionnelle ; ces trois conditions vont être responsables du recrutement de partenaires pro- ou anti-apoptotiques et ainsi de l'induction ou non de l'apoptose.

2. *Régulation de l'expression des protéines DCC, UNC5H et Nétrine-1*

Au cours du développement embryonnaire, la Nétrine-1 et ses récepteurs DCC et UNC5H3 sont exprimés principalement dans le système nerveux. Au contraire, chez l'adulte, l'expression de ces récepteurs et de leur ligand est ubiquitaire. Un déséquilibre du ratio ligand/récepteur pouvant conduire à une mort cellulaire massive ou au contraire à une survie cellulaire anormale, cette expression ubiquitaire des protéines DCC, UNC5H et Nétrine-1 suggère une étroite régulation.

Au niveau transcriptionnel, les facteurs de transcription p53, HIF-1 (*Hypoxia Inducible Factor 1*) et NFκB ont été identifiés comme des activateurs de l'expression des gènes *unc5h4,* la *nétrine-1* et du *gène unc5h2* (cf paragraphe III, C, 2 p 45). En effet, il a été montré d'une part que l'activation de p53 par des dommages à l'ADN était associée à une augmentation de la transcription d'*unc5h4*, et d'autre part que l'induction de NFκB par le TNF ou de HIF-1 par l'hypoxie dans un contexte inflammatoire, activaient la transcription de la *nétrine-1* (Paradisi et al., 2008; Rosenberger et al., 2009; Wang et al., 2008). Cette activation transcriptionnelle est vraisemblablement directe car des éléments de réponse à p53 et NFκB ont été identifiés dans les régions promotrices des gènes *unc5h4* et *nétrine-1* (Paradisi et al., 2008; Wang et al., 2008). De manière intéressante, on peut remarquer que l'expression des récepteurs à dépendance DCC et UNC5H et leur ligand est sous le contrôle de facteurs de transcription induits dans des contextes bien particulier : les dommages à l'ADN (p53) ou encore l'inflammation (NFκB, HIF-1) qui rappellent les contextes d'activation des récepteurs de mort. Ainsi, il est possible que les récepteurs à dépendance soient capables de collaborer avec les récepteurs de mort pour induire l'apoptose dans les types cellulaires où les deux voies co-existent.

Une régulation post-transcriptionnelle du récepteur UNC5H1 a également été identifiée. En effet, il a été montré sur des cultures primaires de neurones hippocampaux que ce récepteur pouvait être internalisé dans le cytosol suite à l'activation d'un complexe comprenant la protéine kinase C et la protéine PICK1 (*Protein Interating with C kinase*). Cette internalisation conduit à une inactivation du récepteur UNC5H1 et pourrait donc moduler sa fonction (Williams et al., 2003b). Le signal responsable de l'activation de la PKC n'est pas clairement identifié *in vivo* mais il est transduit par le récepteur A2b. En effet, il a été montré que l'activation d'A2b soit par la fixation d'AMP cyclique, soit par la fixation de la Nétrine-1 était à l'origine de l'activation de la PKC et avait pour conséquence l'internalisation d'UNC5H1 (McKenna et al., 2008).

IV. Rôle physiologique des récepteurs UNC5H, DCC et de leur ligand la Nétrine-1 au cours du développement du système nerveux et vasculaire

Initialement les récepteurs UNC5H, DCC et leur ligand la Nétrine-1 ont été identifiés comme des protéines essentielles au développement du système nerveux chez *Caenorhabditis elegans*. Dans ce modèle, il a été observé que la mutation des protéines Unc5 (homologue des récepteurs UNC5H), Unc40 (homologue du récepteur DCC) et Unc6 (homologue de la Nétrine-1) entraîne l'apparition d'un phénotype "Uncoordinated"(Chan et al., 1996; Hedgecock et al., 1990). Ce phénotype est associé à des problèmes de guidage axonal et de migration cellulaire au cours du développement du nématode. En effet, la croissance des axones des motoneurones, la formation du canal excréteur, et la migration des cellules des gonades sont particulièrement affectées (Chan et al., 1996; Hedgecock et al., 1990).

Comme nous allons le voir chez les vertébrés, le rôle de la Nétrine-1 dans le développement du système nerveux est conservé mais elle l'est également dans l'angiogenèse et la morphogenèse de certains organes.

A. Rôle de la Nétrine-1 et de ses récepteurs dans le développement et le maintien du système nerveux :

Dans le système nerveux, la Nétrine-1 joue le rôle de facteur de survie et de guidage neuronal et son action est essentiellement médiée par les récepteurs à dépendance UNC5H et DCC via leur fontion pro- et anti-apoptotique. Les autres récepteurs à la Nétrine-1 (DSCAM, Néogénine, et les intégrines $\alpha_3\beta_1$) interviennent également –à titre plus accessoire- dans le guidage de certains types de neurones.

1. Rôle des récepteurs à dépendance DCC et UNC5H et de la Nétrine-1 dans le guidage axonal et la survie neuronale.

Le système nerveux est l'une des structures la plus précocément et la plus massivement affectée par l'apoptose au cours du développement. En effet, on estime que la moitié des neurones produits au cours de développement meurent avant ou peu après la naissance ; phénomène indispensable à la mise en place d'un réseau axonal fonctionnel par l'élimination des neurones surnuméraires ou ayant émis des projections axonales aberrantes. D'après la thérorie neurotrophique, les neurones ont besoin pour survivre d'un support trophique fournit par un tissu cible (les facteurs et tissus étant variables en fonction du type neuronal). Les neurones n'atteignant pas cette cible sont éliminés par apoptose. Le mécanisme à l'origine de cette mort est encore mal compris, et la principale explication est que l'interruption des signalisations induites par les facteurs trophiques (notamment les membres de la famille du NGF) induit ces signaux apoptotiques. Par exemple, le NGF stimule via son récepteur TrkA, diverses protéines kinases anti-apoptotiques telles que les MAPK et Akt évoquées précedemment. Chez la souris, l'invalidation du NGF ou de TrkA conduit à une réduction de 70% de la population des neurones sensoriels liée à une apoptose massive des précurseurs de ces neurones qui semble être la conséquence d'une absence de signal de survie que l'on peut qualifier de « mort par défaut » (Ernfors et al., 1994a; Ernfors et al., 1994b).

Comme le NGF, la Nétrine-1 joue le rôle de facteur de survie pour certains types de neurones et a également été impliquée dans des phénomènes de guidage axonal. Chez les mammifères, la fonction de la Nétrine-1 et de ses récepteurs recoupe le phénotype « *Uncoordinated* » observé chez C. elegans. En effet, il a été montré que les souris déficientes pour la Nétrine-1 présentent de nombreux problèmes développementaux principalement dûs à des défauts de guidage axonal et de mort cellulaire qui conduisent à la mort des souris quelques jours après leur naissance

(Bloch-Gallego et al., 1999; Fazeli et al., 1997; Serafini et al., 1996). Les neurones commissuraux c'est-à-dire les neurones ayant la capacité de traverser la ligne médiane du tube neural pour permettre ensuite chez l'adulte la communication entre la partie droite et la partie gauche du cerveau et de la moëlle épinière, sont les plus affectés. La projection axonale de ces neurones est normalement guidée (entre E12 et E15 chez la souris) grâce à des facteurs chimioattractifs et chimiorépulsifs produits par la plaque du plancher (source de Nétrine-1) et la notochorde. Les souris Nétrine-1$^{-/-}$ tout comme les souris DCC$^{-/-}$ présentent une réduction du nombre de neurones commissuraux ainsi qu'un défaut de projection axonale de ces derniers suggérant le rôle conjoint de DCC et de la Nétrine-1 dans la survie et dans le guidage axonal de ces neurones (figure 20A)(Bloch-Gallego et al., 1999; Fazeli et al., 1997). Ces résultats ont été confirmés *in vitro* puiqu'il a été montré que la Nétrine-1 était un facteur de survie et un facteur chimioattractif pour les neurones commissuraux exprimant DCC issus de la moëlle épinière (Furne et al., 2008; Keino-Masu et al., 1996). Au contraire, les neurones n'exprimant pas DCC survivent malgré l'absence de Nétrine-1 indiquant que sur ce type de neurone, la Nétrine-1 n'est pas seulement un facteur de survie mais aussi un facteur anti-apoptotique via son action sur DCC. Ces résultats ont été confirmés *in vivo* : l'électroporation d'un vecteur codant DCC dans la moëlle épinière d'embryons de poulet induit une mort neuronale massive impliquant l'activation de la caspase 3 ; phénomène réversé par la co-électroporation d'un vecteur d'expression de la Nétrine-1(Furne et al., 2008). La double fonction du couple Nétrine-1/DCC dans le guidage et la survie neuronale a conduit à la mise en place d'un modèle selon lequel les neurones exprimant DCC sont normalement attirés vers la source de Nétrine-1 (plaque du plancher) et sont éliminés par apoptose s'ils s'éloignent de cette source (figure 20B).

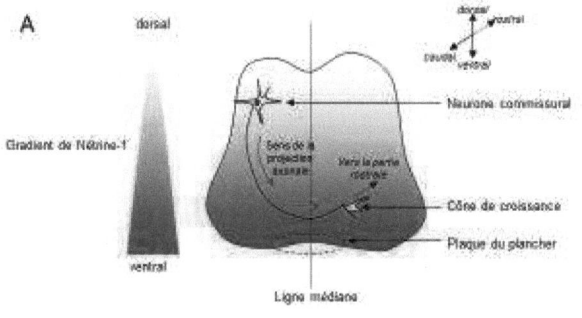

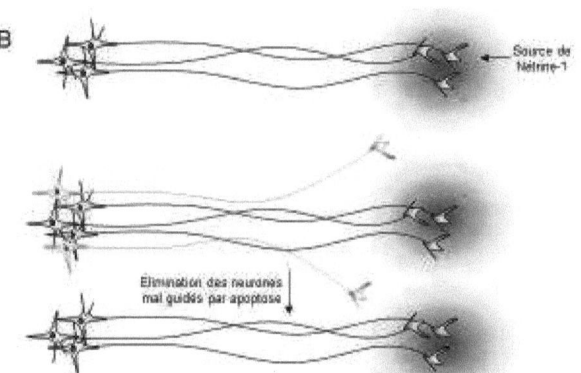

Figure 20 : Rôle de la Nétrine-1 et DCC dans le guidage axonal et la survie neuronale

A. Rôle de DCC dans le guidage des axones des neurones commissuraux de la moelle épinière. Les neurones commissuraux expriment DCC sont attirés vers la source de Nétrine (plaque du plancher), franchissent la ligne médiane puis s'étendent et déviation rostrale pour aller innervés le thalamus, la formation réticulée et le cervelet. B. Modèle de guidage induit par le couple DCC/Nétrine-1. Les neurones exprimant DCC projettent leurs axones en direction de la source de Nétrine-1 (schéma supérieur). Les neurones qui n'atteindraient pas cette source (schéma central) seraient éliminés par apoptose via l'activation de la voie apoptotique induite par DCC (schéma inférieur)

Une fois la ligne médiane franchit par les axones des neurones commissuraux, un autre couple récepteur/facteur chimoattractif prendrait le relai : le couple Robo/Slit et il a été montré sur des neurones spinaux de xénope que Robo (*Slit receptor Roundabout*) était capable d'inhiber la fonction chimiattractive de la Nétrine-1 médiée par DCC (Stein and Tessier-Lavigne, 2001). Une hypothèse est qu'au cours du développement, le couple Nétrine-1/DCC puis Robo/Slit seraient exprimés selon une séquence temporelle spécifique qui permettrait la traversée des neurones commissuraux sous l'action de la Nétrine-1 via DCC puis, une fois la ligne médiane franchit, le blocage de l'action chimioattractive de la Nétrine-1 (par inhibition de DCC par le récepteur Robo) au profit d'une chimioattraction médiée par le facteur Slit. Toutefois, le mécanisme moléculaire à l'origine de cette inhibition n'est pas connu.

La Nétrine-1 est également capable de stimuler la survie d'autres types neuronaux via sa fixation sur les récepteurs DCC et UNC5H. En effet, la Nétrine-1 stimule la survie des neurones olivaires (projettant leurs axones dans le cervelet), les neurones de l'hippocampe ou encore les neurones thalamocorticaux ; ces trois types de neurones exprimant DCC. De plus, il a été montré que les récepteurs UNC5H en collaboration avec DCC étaient impliqués dans la répulsion des axones. Des expériences de « *turning* » (consistant à analyser l'orientation d'un cône de croissane mis en présence d'un gradient d'une molécule) réalisées sur des neurones de moëlle épinière de xénope exposés à un gradient de Nétrine-1 révèlent que contrairement aux neurones contrôles exprimant seulement DCC qui sont attirés par le gradient, les neurones surexprimant également le récepteur UNC5H2 subissent une répulsion (Hong et al., 1999). De la même manière, le couple de récepteur UNC5H/DCC et leur ligand la Nétrine-1 ont été impliqués dans la répulsion des axones des neurones thalamocorticaux et des neurones hippocampaux (figure 21) (Powell et al., 2008; Williams et al., 2003b).

Dans ce dernier type cellulaire une hypothèse est que le mécanisme d'internalisation d'UNC5H1 évoqué précédemment (voir partie III.D.2 p 47) participe à la régulation du processus d'attraction/répulsion indispensable au guidage axonal en séquestrant au niveau cytosolique UNC5H1. Ainsi, le cône de croissance (extrémité des axones) exprimant initialement DCC et UNC5H1 subit une chimiorépulsion en présence de Nétrine-1 et au contraire l'activation de la PKC réoriente le cône de croissance vers la source de Nétrine-1 par un mécanisme dépendant de la signalisation médiée par DCC seul (Muramatsu et al., 2009; Williams et al., 2003b). En outre, nous avons vu précédemment que le couple DCC/UNC5H induit une signalisation GMPc dépendante en présence de Nétrine-1 alors que le couple DCC/Nétrine-1 induite une signalisation AMPc/Ca^{2+} dépendante. Ces deux signalisations différentes pourraient également être à l'origine d'un remodelage cytosquelettique variable conduisant à une orientation du cône vers la source de Nétrine-1 ou bien l'inverse.

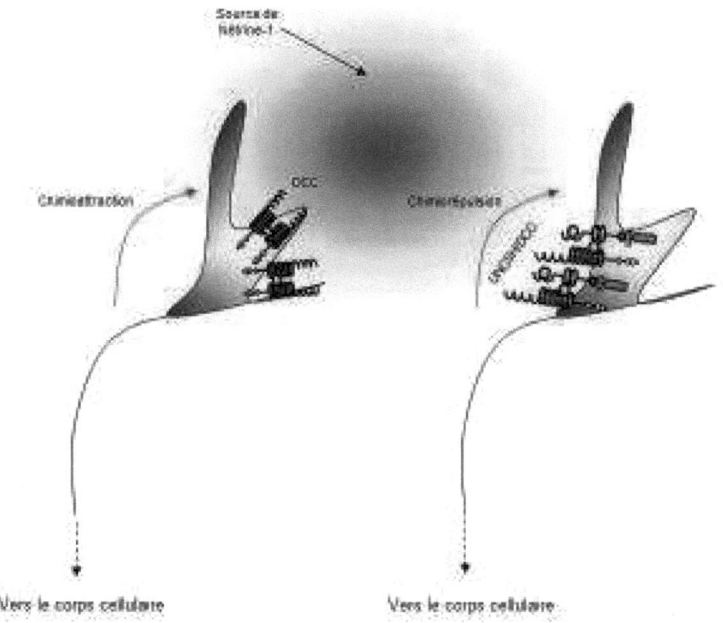

Figure 21 : Rôle complémentaires de DCC et des récepteurs UNC5H dans le guidage axonal

À proximité d'une source de Nétrine-1, les cônes de croissance des neurones exprimant uniquement DCC ou co-exprimant UNC5H adoptent une conformation différente : alors que les neurones exprimant DCC subissent une chimioattraction vers la source de Nétrine-1, les neurones exprimant DCC/UNC5H subissent une chimiorépulsion. Cette différence d'orientation du cône de croissance s'expliquerait par la différence entre les voies de signalisation induites par les homo-oligomères DCC et les hétéro-oligomères UNC5H/DCC qui conduirait à un environnement différent du cytosquelette.

En parallèle, il a été montré que la Nétrine-1 jouait un rôle de facteur de survie neuronal via ses récepteurs UNC5H2 et UNC5H3 pour les neurones corticaux, les neurones pré-cérébelleux, et les motoneurones spinaux (Dillon et al., 2007; Llambi et al., 2001; Tang et al., 2008). En particulier, le récepteur UNC5H3 est impliqué dans la mise en place du cervelet. En effet, chez la souris, une mutation spontanée d'UNC5H3 : *rcm* (*rostral cerebellum malformation*) correspondant à une insertion de 55 acides aminés dans la région intracellulaire du récepteur (entre le domaine ZU-5 et le domaine de mort) est à l'origine d'une perte de fonction du récepteur associée à une malformation du cervelet (Ackerman et al., 1997). Une hypothèse concernant la perte de fonction associée à la mutation *rcm* est que les 55 acides aminés insérés pourraient perturber la conformation du domaine intracellulaire d'UNC5H3 et inhiber ses fonctions pro et anti-apoptotiques (cf figure 13 et II.B p36).

2. *Rôle accessoire des autres récepteurs à la Nétrine-1 dans le guidage axonal et la survie neuronale.*

Les intégrines $\alpha_3\beta_1$ ainsi que les récepteurs DSCAM et Néogénine sont impliqués dans la modulation de la fonction chimioattractive de la Nétrine-1.

En effet, il a été montré que la Nétrine-1 contrôle la migration des interneurones corticaux GABAergic via son interaction avec les intégrines $\alpha_3\beta_1$ (Stanco et al., 2009). D'autre part, les xénopes déficients pour Néogénine présentent des défauts de guidage des axones des neurones dorsaux télencéphaliques qui se projettent normalement en direction ventrale et expriment Néogénine indiquant que Néogénine est fortement impliqué dans ce processus de guidage. Toutefois, il semble que dans ce type neuronal le guidage soit médié conjointement par les deux ligands de Néogénine : la Nétrine-1 (région ventrale) et RGMa (région dorsale) car leur extinction conduit à des défauts de guidage semblables à ceux observés pour le phénotype Néogénine $^{-/-}$. Ces données ont conduit à l'élaboration d'un modèle selon lequel les neurones dorsaux télencéphaliques projetteraient leurs axones en direction ventrale vers la source de Nétrine-1 chimioattractive puis demeureraient dans cette région à cause d'un gradient dorso-ventral répulsif de RGMa (figure 22) (Wilson and Key, 2006). Dans ce modèle, la Nétrine-1 n'a pas été identifiée comme un facteur de survie et le rôle chimioattractif de la Nétrine-1 via sa fixation sur Néogénine évoqué dans cette étude reste à démontrer.

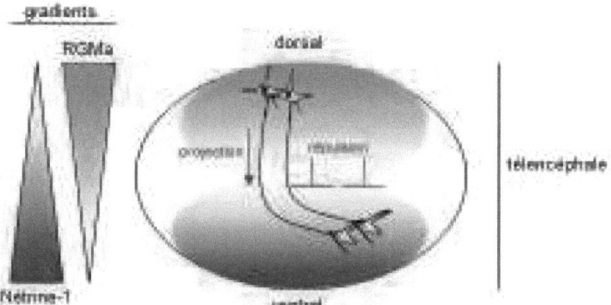

Figure 22 : Rôle de Néogénine dans le guidage axones des neurones télencéphaliques
La migration des axones des neurones télencéphaliques exprimant Néogénine le long de l'axe dorso-ventral est régulée conjointement par les ligands RGMa et Nétrine-1. Alors que RGMa exerce une action chimorépulsive en stimule la projection axonale vers la région ventrale, la Nétrine-1 présente en région ventrale attire des cônes de croissance des axones. Cette projection ventrale serait ensuite assurée par l'action conjointe des deux gradients : attraction par la Nétrine-1 et répulsion par RGMa.

Le récepteur DSCAM quant à lui serait capable de compléter la fonction de guidage des axones des neurones commissuraux par la Nétrine-1 normalement médiée par DCC. En effet, il a été montré *in vivo* que l'inhibition de DSCAM par siRNA bloque la projection axonale des neurones commissuraux spinaux avant le franchissement de la ligne médiane dans d'embryons de souris. Des expériences de co-immunoprécipitations ont révélé que DSCAM interagissait avec la Nétrine-1 dans ces neurones suggérant que DCC et DSCAM pourraient avoir un rôle semblable dans ce processus de guidage

Nétrine-1 dépendant. Des expériences complémentaires menées sur des neurones de moëlle épinière de xénope (exprimant DCC de manière endogène mais pas DSCAM) ont confimé que DSCAM pouvait agir en collaboration avec DCC. L'utilisation d'un anticorps anti-DCC (antagoniste de la Nétrine-1) à un effet bloquant, la surexpression de DSCAM ne modifie pas la chimioattraction par la Nétrine-1 sur ces neurones. En revanche, il a été montré que la surexpression d'un mutant dominant négatif de DSCAM délété de son domaine intracellulaire (et donc incapable de transduire un signal), restaure le pouvoir chimioattractif de la Nétrine-1 malgré la présence de l'anticorps anti-DCC (Ly et al., 2008). Ainsi, l'ensemble de ces éléments suggère que DSCAM fixe la Nétrine-1 et pourrait collaborer avec DCC dans la médiation de la chimioattraction des neurones commissuraux, en transactivant la voie de signalisation positive médiée par DCC. Plus récemment, une autre étude a montré que DSCAM est capable de médier l'attraction des neurones de la moëlle épinière chez le poulet où DCC n'est pas exprimé (Liu et al., 2009). Ainsi, DSCAM et DCC auraient une action complémentaire et/ou indépendante en fonction de l'espèce considérée

Par ailleurs, il a été montré au laboratoire que la Nétrine-1 stimulerait indirectement la survie des neurones hippocampaux en se fixant sur APP. En effet, via cette fixation la Nétrine-1 inhiberait la formation des peptides $A\beta$ (issu du clivage d'APP par des sécrétases) à l'origine des plaques β-amyloïdes responsables de la dégénérescence neuronale associée à la maladie d'Alzheimer (Lourenco et al., 2009). Toutefois, le mécanisme précis par lequel la Nétrine-1 inhibe la formation du peptide $A\beta$ reste à élucider.

B.   *Rôle de la Nétrine-1 et du récepteur UNC5H2 et DCC dans l'angiogenèse*

La mise en place du système vasculaire et du système nerveux présente des similitudes car ces deux mécanismes impliquent des phénomènes de prolifération, de migration cellulaire et de connexion cellulaire. En effet, l'angiogenèse correspond à la formation de vaisseaux sanguins secondaires à partir d'un réseau vasculaire pré-existant. Elle implique donc une étape de prolifération des cellules endothéliales mères puis de migration des cellules endothéliales filles et enfin leur connexion avec un autre vaisseau sanguin ou un organe cible.

La Nétrine-1 a été décrite pour la première fois en 2004 comme un facteur stimulant l'angiogenèse *in vitro* et *in vivo*. En effet, il a été montré que la Nétrine-1 tout comme les facteurs pro-angiogéniques déjà connus (VEGF et PDGF), stimule la prolifération de lignées endothéliales en culture et permet également la formation de nouveaux vaisseaux sanguins sur la membrane chorio-allantoïdienne d'embryons de poulet et sur la cornée de souris (Park et al., 2004a). Par la suite, il a été montré que l'activité pro-angiogénique de la Nétrine-1 était liée plus particulièrement à sa fixation sur le UNC5H2 et que cette activité était liée d'une part à une fonction de facteur de survie de la Nétrine-1 pour les cellules endothéliales mais aussi d'autre part à une fonction anti-apoptotique de la Nétrine-1 liée à sa fixation sur UNC5H2 (Castets M., 2009; Navankasattusas et al., 2008). En effet, l'inhibition par siRNA de la Nétrine-1 induit la mort des cellules endothéliales veineuses et artérielles en culture (HUVEC et HUAEC), phénomène réversé par la co-transfection d'un siRNA UNC5H2 ou d'un siRNA DAPk dans ces cellules. De la même manière l'inhibition de la Nétrine-1a (homologue de la Nétrine-1 humaine) par morpholino chez le zebrafish induit la mort massive des cellules endothéliales et des défauts majeurs dans la mise en place du système vasculaire (absence des vaisseaux dorsaux, ventraux et/ou absence des vaisseaux intersegmentaires), ce phénotype étant réversé par la co-injection d'un morpholino anti-UNC5H2 ou d'un morpholino anti-DAPk démontrant bien l'importance de la voie de signalisation apoptotique induite par le récepteur UNC5H2 dans la régulation de la fonction angiogénique de la Nétrine-1 (Castets et al., 2009; Yang et al., 2007b).

V. Les récepteurs UNC5H, DCC et leur ligand la Nétrine-1 : implication dans la morphogénèse tissulaire et la régulation de l'homéostasie

Chez l'adulte l'expression des récepteurs DCC, UNC5H et de la Nétrine-1 est ubiquitaire. Leur rôle est assez mal connu mais récemment, plusieurs études suggèrent que la Nétrine-1 et ses récepteurs à dépendance ont un rôle dans l'homéostasie, la morphogénèse et l'adhésion tissulaire. Alors que plusieurs études impliquent la Nétrine-1– pour l'instant indépendamment des récepteurs à dépendance DCC et UNC5H- dans le développement de l'oreille interne, l'adhésion des cellules mammaires, et enfin le développement du pancréas, la Nétrine-1 et ses récepteurs à dépendance ont été impliqués dans des processus d'adhésion cellulaire, de migration et d'homéostasie en particulier dans le poumon, le rein, l'os, la peau et enfin le colon. En particulier, il a été montré dans ce dernier tissu que les récepteurs UNC5H3 et DCC auraient une fonction de suppresseur de tumeur en régulant l'homéostasie de l'épithélium intestinal sous l'action d'un gradient de Nétrine-1.

A.   Rôles de la Nétrine-1 dans la morphogenèse de l'oreille interne, de la glande mammaire et du pancréas

Quelques études ont montré que La Nétrine-1 était capable de contrôler la morphogenèse, l'homéostasie et l'adhésion dans l'oreille interne, la glande mammaire et le pancréas via ses récepteurs Néogénine et les intégrines $\alpha6\beta4$ et $\alpha3\beta1$.

1.   Rôle de la Nétrine-1 dans la mise en place de l'oreille interne

Au cours du développement, il a été montré que La Nétrine-1 était indispensable à la formation de l'oreille interne au cours du développement. Initialement l'oreille interne est constituée de trois feuillets cellulaires discoïdaux d'origine ectodermique (E12 chez la souris) qui vont donner naissance à des canaux semi-circulaires distincts suite à un détachement des cellules épithéliales de la lame basale et une mort cellulaire massive (E12.5). Les souris Nétrine-1[-/-] présentent des feuillets cellulaires persistants à E12 et une absence de canal semi-circulaire distincts. L'apoptose massive et le détachement de la lame basale observée à E12.5 seraient donc contrôlés par l'expression de la Nétrine-1 (localisée au centre des disques épithéliaux primordiaux) mais le récepteur à l'origine de cette mort n'a pu être identifié (figure 23) (Abraira et al., 2008; Salminen et al., 2000).

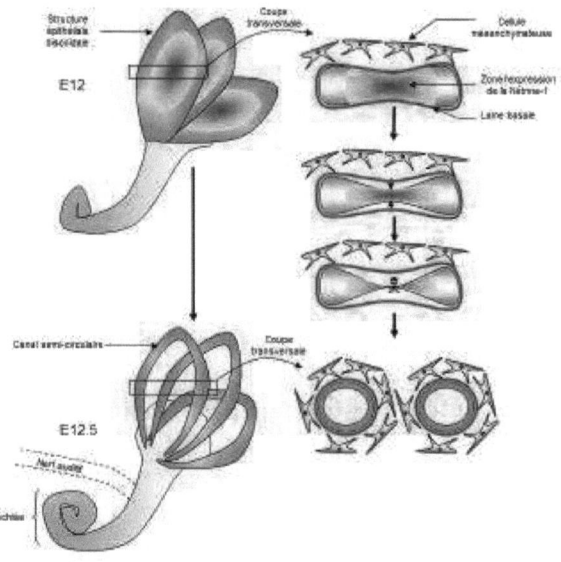

Figure 23 : Rôle de la Nétrine-1 dans le développement de l'oreille interne
Les canaux semi-circulaires de l'oreille interne se forment entre E12 et E12.5 sous l'action de la Nétrine-1. La quantité de Nétrine-1 produite au niveau central des primordiums épicellulaire décroît progressivement au cours du développement ce qui induit par un mécanisme inconnu, un détachement des cellules épithéliales de la lame basale et une sous cellulaire massive au centre de ses primordia permettant ainsi l'émergence de trois canaux semi-circulaires distincts.

2.   *Néogénine et Nétrine-1 dans la glande mammaire*

La glande mammaire est un assemblage de lobes mammaires eux-mêmes subdivisés en lobules constitués d'acini à l'origine de la fabrication du lait. Un acinus comporte plusieurs types cellulaires : des cellules luminales (qui vont excréter le lait) dérivant de cellules peu différenciées : les cellules pré-luminales, elles-mêmes issues de la prolifération de cellules souches sous-jacentes: les « cap cells ». Le canal formé par les cellules luminales est englobé par des cellules myoépithéliales contractiles qui vont permettre l'évacuation du lait vers les canaux excréteur au cours de la lactation (figure 24).

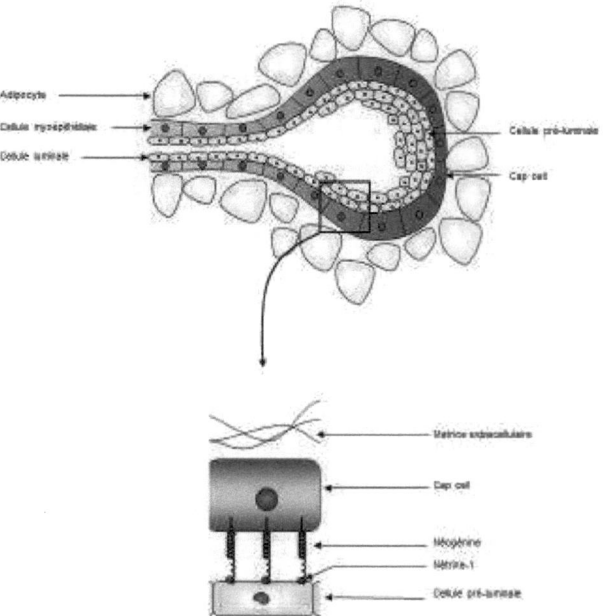

Figure 24 : Rôle de la Nétrine-1 et du récepteur Néogénine dans le développement de la glande mammaire

La glande mammaire est constituée de plusieurs couches cellulaires concentriques : la matrice extracellulaire, les cap cells et les cellules pré-luminales qui se différencient en cellules luminales. Un troisième type cellulaire entoure le canal excréteur : les cellules myoépithéliales. La Nétrine-1, via sa fixation sur le récepteur Néogénine participent au maintien structural de la glande mammaire en stimulant en particulier l'adhésion des cellules pré-luminales (exprimant la Nétrine-1) et les cap cells (exprimant Néogénine).

Il a été montré que la Nétrine-1, exprimée par les cellules pré-luminales avait un rôle essentiel dans le maintien de cette structure en collaboration avec son récepteur Néogénine exprimé par les cap cells (Srinivasan et al., 2003). En effet, des souris déficientes pour la Nétrine-1 ou Néogénine au niveau de leur glande mammaire présentent une désolidarisation des couches cellulaires des acini : les cellules pré-luminales se détachent des « cap cells » formant des lacunes acinales. Les souris Nétrine-1$^{-/-}$ n'étant pas viable, ces expériences ont été réalisées grâce à la greffe de primordia de glandes mammaires issus d'embryons Nétrine-1$^{-/-}$ sur des souris sauvages. On peut donc se demander si le phénotype observé est représentatif du rôle physiologique de la Nétrine-1 dans la glande mammaire car plusieurs paramètres pourraient interférer tels que le degré de différenciation des cellules mammaires, l'inflammation locale potentiellement induite par la greffe ou encore le degré de colonisation de la greffe par les cellules mammaires de la souris receveuse de la greffe. En outre, une étude antérieure avait décrit le rôle essentiel des cadhérines dans l'adhésion entre ces deux couches cellulaires (Daniel et al., 1995).

3. Rôle de la Nétrine-1 dans le pancréas

Le pancréas est un organe branché sur l'intestin qui va participer à la digestion ainsi qu'à l'assimilation des sucres. Il est constitué de deux types de glandes : des glandes exocrines qui vont produire les enzymes nécessaire à la digestion et qui sont connectées à un canal excréteur pancréatique ; et des glandes endocrines également appelées îlots de Langerhans qui sont isolées du canal excréteur et vont produire des hormones telles que l'insuline.

Au cours du développement pancréatique, la Nétrine-1 est exprimées au niveau prénatal (E15 à E18 chez la souris) puis plus tardivement chez l'adulte par les îlots de Langerhans sous certaines conditions. En effet, dans le pancréas adulte, la Nétrine-1 n'est pas exprimée sauf en cas de fermeture anormale du canal pancréatique qui induit un phénomène de régénération pancréatique (De Breuck et al., 2003). Il a également été montré que la Nétrine-1 stimulait la migration des cellules pancréatiques *in vitro* suggérant qu'elle pouvait ainsi participer au développement pancréatique en induisant la migration cellulaire (De Breuck et al., 2003). Une autre étude menée par l'équipe Cirulli a révélé que la Nétrine-1 était produite par certaines cellules des acini des glandes exocrines ainsi que par certaines cellules du canal pancréatique au cours du développement. La Nétrine-1 ainsi produite est capable de se fixer sur les intégrines $\alpha_6\beta_4$ et $\alpha_3\beta_1$ avec une haute affinité et de stimuler la migration et l'adhésion des cellules épithéliales pancréatiques *in vitro*. En particulier, la Nétrine-1 stimule la migration des progéniteurs pancréatiques (cytokeratine 19$^+$/PDX 1$^+$) suggérant que la Nétrine-1 aurait un rôle direct dans la morphogenèse pancréatique (exocrine et endocrine) en stimulant l'expansion des acini (figure 25)(Yebra et al., 2003). De plus, les îlots de langherans dérivant de cellules d'origine exocrine, cette étude suggère également que la Nétrine-1 produite par la glande exocrine pourrait contrôler la formation des îlots en stimulant la migration de leurs précurseurs cellulaires (figure 25). Après cette étape de morphogenèse, la Nétrine-1 ne serait plus produite afin d'éviter toute prolifération cellulaire anormale pouvant conduire à des dysfontionnement pancréatique.

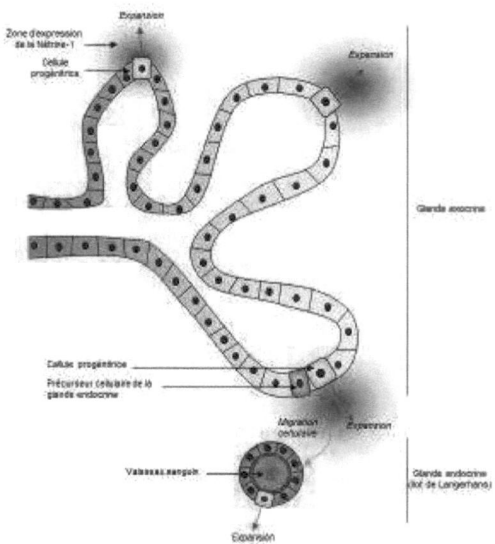

Figure 25 : Rôle de la Nétrine-1 dans le développement du pancréas
Le pancréas est formé de glandes exocrines et endocrines (îlots de Langerhans). La composante exocrine se forme à partir à partir d'un canal central issu de l'intestin se subdivisant en acini qui vont ensuite subir une expansion. La composante endocrine dérive de la migration de certaines cellules de la glande exocrine et se forme donc plus tardivement au cours du développement. Dans les deux cas, le processus de migration (en vert) et le processus d'expansion (en rouge) seraient contrôlés par un gradient de Nétrine-1 formé par les cellules progénitrices. La Nétrine-1 viasa fixation sur les intégrines $\alpha_6 \beta_4$ et $\alpha_3 \beta_1$, serait à l'origine de ces deux phénomènes.

B.   *Rôle de la Nétrine-1 et de ses récepteurs DCC et UNC5H dans la morphogenèse, l'adhésion et l'homéostasie*

1.   *Nétrine-1 et -4 et UNC5H2 dans le poumon*

Les deux poumons sont issus de l'évagination de l'endoderme ventral qui forme deux bourgeons primordiaux à partir du 9ème jour de développement chez la souris. Ces bourgeons correspondent à un épithélium entouré par un manchon de cellules mésanchymateuses qui se subdivisent en bronchioles au cours du développement sous l'action de facteurs de croissance tels que le FGF-7 et FGF-10

88

(*Fibroblast Growth Factor*) d'origine mésanchymateuse (Cardoso, 2000; Liu et al., 2004; Warburton et al., 2000).

Des hybridations *in situ* ont révélé que la Nétrine-1 tout comme la Nétrine-4 sont produites par les cellules épithéliales proximales mais sont exclues des extrémités des bronchioles au contraire du récepteur UNC5H2. Afin d'étudier le rôle des Nétrine-1 et -4 dans le développement pulmonaire, des primordia endodermiques (explants pré-pulmonaires) ont été mis en culture dans du matrigel et traitées avec du FGF-7 et 10 et/ou de la Nétrine. Ainsi, il a été montré que les FGF sont capables d'induire à la surface des primordia, la formation de bourgeons à qui vont donner naissance aux bronchioles. Au contraire, un co-traitement avec la Nétrine-1 ou -4 inhibe totalement le processus et des analyses en microscopie confocale montrent que les cellules endothéliales normalement à l'origine de la formation de bourgeons externes sont en fait invaginées dans cette condition. Ces résultats suggèrent que les Nétrine-1 et -4 régulent la migration des cellules : elles inhibent la migration des cellules proximales et orienteraient ainsi la migration des cellules distales sous l'action du FGF-7 et FGF-10 notamment via l'activation des MAPK qui vont être à l'origine d'un remaniement cytosquelettique (figure 26)(Liu et al., 2004).

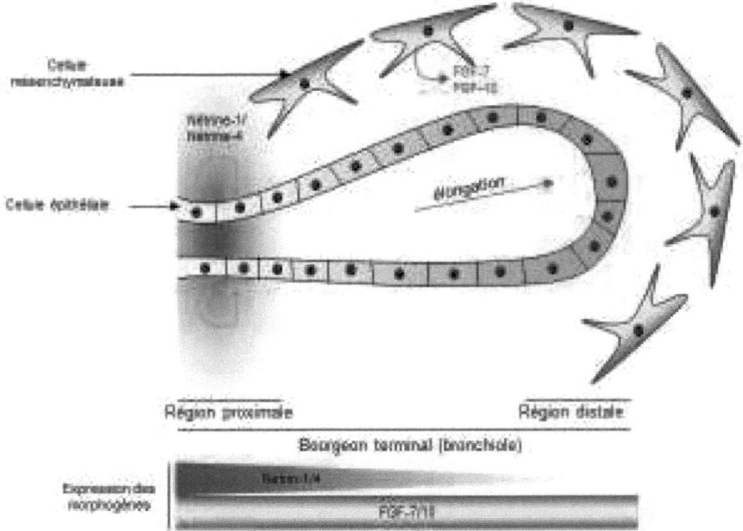

Figure 26 : Rôle de la Nétrine-1 et de la Nétrine-4 dans la morphogenèse pulmonaire.
Les Nétrine-1 et Nétrine-4 sont produites au cours de la morphogenèse pulmonaire par les cellules proximales des bourgeons terminaux au cours d'élongation. Ces Nétrines inhiberaient l'apparition de bourgeon ectopique en bloquant la migration cellulaire (flèches vertes). Au contraire, les FGF-7 et 10 produits par les cellules mésenchymateuses stimulent la prolifération cellulaire et l'élongation du bourgeon au niveau distal (flèches rouges). Les quantités respectives des Nétrines et des FGFs tout au long du bourgeon terminal pulmonaire sont illustrées par le diagramme inférieur.

Le récepteur UNC5H2 pourrait également être impliqué dans la morphogenèse pulmonaire : la Nétrine-1 pourrait former un gradient allant des cellules proximales aux cellules distales et il y aurait un ratio UNC5H2/Nétrine-1 variable le long de l'épithélium pulmonaire. Au niveau proximal, la Nétrine-1 serait présente en excès et stimulerait en collaboration avec les FGFs la prolifération et la survie cellulaire via l'activation des MAPK (ERK1/2) en se fixant sur UNC5H2. A l'extrémité du bourgeon pulmonaire, seul les FGFs seraient présent et stimuleraient à eux seuls les MAPK entraînant une élongation cellulaire plutôt qu'une prolifération. Aucun phénomène d'apoptose n'a été observé au niveau distal sur ces bourgeons pulmonaires suggérant que le récepteur UNC5H2 en absence de Nétrine-1 est ici inactif. Une hypothèse est que l'activation des MAPK par les FGF bloque l'apoptose normalement induite par UNC5H2 en absence de Nétrine-1.

Un autre groupe a montré que DCC est également exprimé au cours du développement pulmonaire et qu'il colocalise avec UNC5H2 suggérant que DCC et UNC5H2 pourraient collaborer pour médier l'action de la Nétrine-1 (Dalvin et al., 2003).

2. *UNC5H2 et Nétrine-1 dans le rein*

Le rein est constitué d'unité de filtration du sang appelé néphrons. Un nephron est constitué d'un glomérule qui va filtrer le sang et envoyer le filtrat vers la anse de Henlé, une structure tubulaire bordée par deux parties : un canal proximal et un canal distal débouchant sur le canal collecteur évacuant les urines.

Très récemment, il a été montré que l'homéostasie rénale pouvait également être régulée par la Nétrine-1 via son récepteur UNC5H2. En effet, il a été montré *in vitro* que la Nétrine-1 était produite par les cellules épithéliales rénales de souris et qu'elle stimulait via son récepteur UNC5H2 la prolifération et la migration de cellules tubulaires proximales primaires de souris. L'effet de la Nétrine-1 sur la prolifération cellulaire est lié à l'activation de la voie ERK1/2 mais la voie de signalisation responsable de l'effet observé sur la migration cellulaire reste à identifier (Wang et al., 2009c). La Nétrine-1 exercerait également un rôle protecteur en augmentant le taux de survie cellulaire en cas d'ischémie-reperfusion (phénomène souvent observé suite à des greffes et générant des ROS toxiques pour le rein) (Wang et al., 2009b). Ainsi, le couple Nétrine-1/UNC5H2 pourrait contrôler l'homéostasie rénale en permettant aux cellules rénales tubulaires de proliférer et de migrer pour remplacer les cellules endommagées par les ROS (figure 27).

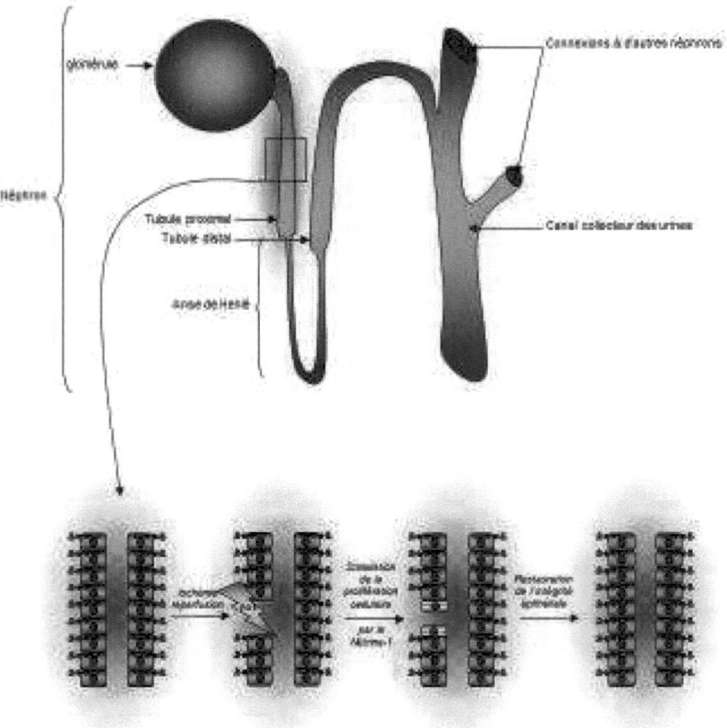

Figure 27 : Rôle de la Nétrine-1 et du récepteur UNC5B dans le rein
La Nétrine-1 est produite par les cellules rénales du tubule proximal et permettrait via sa fixation sur son récepteur UNC5B de stimuler la prolifération des cellules épithéliales tubulaires afin de réparer d'éventuelles lésions causées par l'ischémie reperfusion.

3. Rôle d'UNC5H2, DCC et de la Nétrine-1 dans la peau et l'os

Très récemment, il a été montré que certains mélanomes présentent une surexpression de Nétrine-1 et du récepteur UNC5H2 suggérant que ce couple ligand/récepteur pourrait avoir un rôle dans l'homéostasie cutanée. Toutefois, cette étude révèle que la Nétrine-1 ne stimule ni la prolifération, ni la survie de ces cellules tumorales. En effet, l'inhibition de la Nétrine-1 par siRNA dans des lignées de mélanomes ne permet pas d'observer une variation de ces paramètres. Il est néanmoins à noter que le siRNA Nétrine-1 affecte le pouvoir migratoire des cellules tumorales de mélanomes (Kaufmann et al., 2009). Ainsi, dans ce type de cancer, la Nétrine-1 pourrait avoir un rôle dans l'échappement métastatique plutôt que dans l'échappement tumoral.

Le Nétrine-1 est également associée à la migration d'un autre type cellulaire : les chondrocytes via sa fixation sur DCC en cas d'ostéoarthrite. Les chondrocytes forment le cartilage qui englobe et protège du frottement les extrémités osseuses au niveau des articulations. L'ostéoarthrite est une pathologie de type inflammatoire correspondant à une destruction progressive du cartilage et il a été observé que dans ces conditions, les chondrocytes surexpriment DCC et que la Nétrine-1 via DCC, exerce une action chémoattractive sur ces cellules *in vitro* (Schubert et al., 2009). Cette observation suggère que la Nétrine-1 pourrait stimuler la migration des chondrocytes *in vivo* et participer à la dégénérescence du cartilage mais cela reste à démontrer. Par ailleurs, le type cellulaire produisant la Nétrine-1 au niveau articulaire reste à identifier.

C.   *Fonction suppresseur de tumeur des récepteurs DCC et UNC5H*

1.   *Le rôle de suppresseur de tumeur de DCC et du récepteur UNC5H3 dans le colon*

L'expression de DCC et des récepteurs UNC5H est perdue dans de nombreux types de cancers et plus particulièrement dans les cancers colorectaux. Cette perte d'expression est liée à une hyperméthylation de l'ADN (au niveau de la région promotrice du gène) ou bien à une perte d'hétérozygotie (ou LOH pour Loss Of Heterozygoty) (Bernet et al., 2007; Shin et al., 2007; Thiebault et al., 2003). Dans le cas du récepteur DCC, son absence d'expression peut également être liée à la perte du fragment chromosomique 18q21 (Thiagalingam et al., 1996). Ces pertes d'expression des récepteurs à dépendance dans les cancers suggèrent qu'ils ont une fonction de suppresseur de tumeur mais il est à noter que le fragment 18q21 comporte d'autres gènes potentiellement suppresseur de tumeurs tels que les gènes *smads*, contrôlant notamment le cycle cellulaire (Thiagalingam et al., 1996).

Afin d'établir plus clairement le rôle de suppresseur de tumeur de DCC, notre laboratoire a tout d'abord étudié l'expression physiologique de DCC et de la Nétrine-1 dans le colon. Ainsi, des expériences d'hybridations *in situ* et d'immunohistochimie ont permis de montrer que DCC est exprimé par les cellules épithéliales orientées vers la lumière intestinale et que la Nétrine-1 quant à elle est présente dans les cryptes intestinales. Le colon est un tissu capable d'autorenouvellement grâce aux cellules souches présentes dans les cryptes. En effet, ces cellules peu différenciées sous l'action de facteurs de croissance sont capables de se multiplier puis de migrer tout en se différenciant vers l'apex des villosités. Les cellules qui atteignent l'apex meurent ensuite par apoptose et sont éliminées dans la lumière intestinale. Cet autorenouvellement permet le maintien de l'intégrité de la paroi intestinale en favorisant l'élimination des cellules épithéliales endommagées ou infectées : en effet, malgré la présence d'une flore commensale protectrice indispensable à la digestion, certains pathogènes peuvent infecter les cellules épithéliales intestinales (notamment les enterocoques et les enterovirus) et provoquer des pathologies aïgues (diarrhées le plus souvent) qui peuvent se tranformer en septicémie si les pathogènes parviennent à passer dans le sang circulant.

Afin d'établir le rôle de la Nétrine-1 et de DCC dans l'homéostasie intestinale, nous avons émis l'hypothèse que la Nétrine-1 présente dans les cryptes est à l'origine de la prolifération des cellules souches cryptiques et de part sa nature de facteur diffusible formerait un gradient allant des cryptes vers l'apex des villosités. Selon cette hypothèse, le taux de Nétrine-1 serait suffisant à la survie des cellules épithéliales intestinales au cours de leur migration et de leur différenciation mais insuffisant pour permettre leur maintien au niveau de l'apex. A ce niveau les cellules seraient éliminées via l'induction de la voie pro-apoptotique DCC (figure 28A).

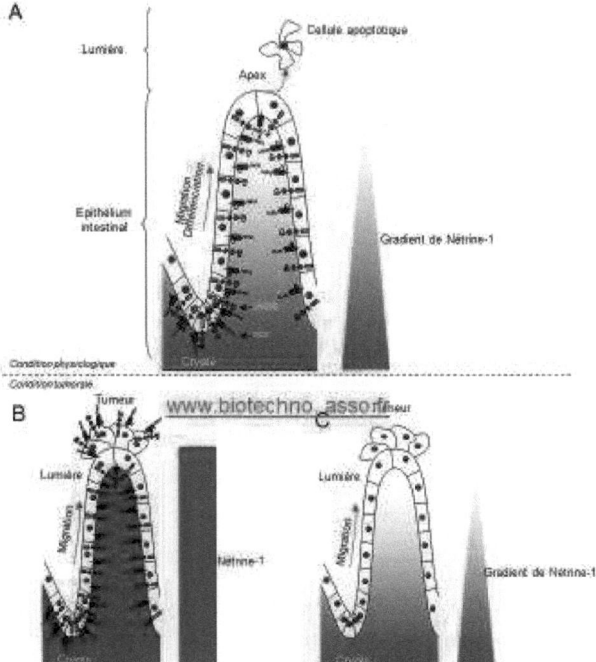

Figure 28 : Rôle de la Nétrine-1 et de ses récepteurs DCC et UNC5C dans l'homéostasie intestinale.

A. En condition physiologique, le renouvellement cellulaire est contrôlé par le gradient de Nétrine-1 (produite par les cryptes intestinales) et l'expression des récepteurs UNC5C et DCC. En effet, la concentration faible de Nétrine-1 à l'apex des villosités entraîne l'apoptose des cellules épithéliales vial' activation des voies de signalisation apoptotiques médiées par DCC et UNC5C.
B-C. En condition tumorale, la disparition du gradient de Nétrine-1 (B) ou la perte d'expression des récepteurs (C) ou la combinaison à une inhibition de l'apoptose des cellules apicales et prédispose au développement de tumeurs colorectales.

Pour tester cette hypothèse, des souris transgéniques surexprimant la Nétrine-1 (Tg-Net) au niveau intestinal ont été réalisées et analysées. Il a été montré que ces souris présentent des hyperplasies intestinales (colon et intestin grêle) liées à une hyperprolifération et à une survie accrue des cellules intestinales (Mazelin et al., 2004). De plus, les souris [APC $^{(+/1638N)}$, Tg-Net] obtenues après croisement des souris Tg-Net avec des souris hétérozygotes mutées pour un gène suppresseur de tumeur dans le colon : APC (*Adenomatous Polyposis Coli*) présentent environ 60% d'adénocarcinomes de haut-grade contre 17% environ pour les souris APC$^{(+/1638N)}$ seule (Mazelin et al., 2004). Ainsi, la surexpression intestinale de Nétrine-1 est un facteur suffisant à l'initiation tumorale aggravée par la mutation du suppresseur de tumeur APC dans un contexte intestinal (figure 28B). En parallèle de cette étude, d'autres souris transgéniques exprimant un mutant non-apoptotique de DCC (DCC-D1290N) sont en cours d'étude afin de déterminer si la fonction apoptotique de DCC est également impliquée dans ce mécanisme de régulation de l'homéostasie intestinale Nétrine-1-dépendant. Si tel est le cas, les souris DCC-D1290N devraient présenter une prédisposition à la tumorigenèse colorectale. Par ailleurs, DCC semble également capable de réguler l'adhésion cellulaire. En effet, il a été montré que la surexpression de DCC dans une lignée de colon (lignée HT29) renforçait l'adhésion cellule-cellule via une interaction avec les protéines Ezrine et Merlin (protéines liant le cytosquelette) ; et au contraire réduisait l'adhésion à la matrice extracellulaire via une extinction des intégrines $\alpha_6\beta_4$ (Martin et al., 2006). L'influence de la Nétrine-1 sur ces deux évènements reste à étudier mais une hypothèse pourrait être que la mort des cellules épithéliales apicales dans le colon est liée à la fois à l'activation de la signalisation apoptotique médiée par DCC en absence de Nétrine-1 mais aussi au détachement des cellules de la matrice extracellulaire (également appelé anoïkis).

D'autres études menées au laboratoire se sont intéressées au rôle des récepteurs UNC5H dans l'homéostasie intestinale car leur expression est réduite dans plus de 60% des cancers colorectaux et ont permis de montrer que le couple UNC5H3/Nétrine-1 est également impliqué (Bernet et al., 2007; Thiebault et al., 2003). En effet, l'expression du gène *UNC5H3* est réduite dans 75% des tumeurs colorectales et il a pu être mis en évidence dans un modèle murin que cette perte est un facteur prédisposant à la tumorigenèse colorectale : les souris issues du croisement entre des souris UNC5H3[(rcm/rcm)] et APC[(+/1638N)] présentent deux fois plus (43%) d'adénocarcinomes de haut-grade que les souris contrôles APC[(+/1638N)] (23%) (figure 28C)(Bernet et al., 2007). Ainsi, le couple Nétrine-1/UNC5H3 et potentiellement le couple DCC/Nétrine-1 semblent réguler l'homéostasie intestinale et exercent un contrôle de la tumorigenèse colorectale (figure 28).

2. De l'inflammation aux cancers : implication de la Nétrine-1

Nous avons déjà évoqué le rôle de la Nétrine-1 comme facteur aggravant de l'ostéoarthrite car elle stimulerait la migration des chondrocytes accélérant ainsi la dégenerescence cartilagineuse. Par ailleurs, une autre étude menée au laboratoire montre qu'en condition inflammatoire (maladie de Crohn), la Nétrine-1 peut être surexprimée dans le colon et conduire à la tumorigenèse colorectale. En effet, il a été montré au laboratoire que le promoteur de la Nétrine-1 possède des domaines de fixation du facteur de transcription NFκB constituant des éléments de réponse permettant une activation transcriptionnelle en condition inflammatoire. En effet, la construction d'un vecteur rapporteur comportant le promoteur de la Nétrine-1 fusionné avec un gène luciférase a permis de montrer d'une part que ce promoteur de la Nétrine-1 peut-être activé dans des lignées tumorales intestinales surexprimant la Nétrine-1 et d'autre part que ce promoteur de la Nétrine-1 pouvait être activé par traitement au TNF (mimant l'inflammation) de cellules en culture exprimant la Nétrine-1à un taux très faible.

D'autre part, l'activation de NFκB semble être suffisante *in vivo* pour induire une surexpression de Nétrine-1 et le développement de tumeurs dans l'intestin. En effet, il a été mis en évidence dans un modèle d'inflammation intestinal murin décrit pour induire une activation de NFκB dans l'intestin, que cette inflammation était également à l'origine d'une surexpression de la Nétrine-1 dans l'intestin conduisant à la progression tumorale. De plus, le traitement de ces souris avec un peptide capable de titrer la Nétrine-1 (peptide correspondant au 4ème domaine fibronectine de DCC, DCC-4Fbn) inhibe la formation des adénocarcinomes colorectaux en condition inflammatoire, indiquant que la surexpression de la Nétrine-1 est un avantage sélectif pour la progression tumorale dans ce contexte (Paradisi et al., 2009). Ainsi, cette étude renforce l'hypothèse selon laquelle la Nétrine-1 contrôle l'homéostasie colorectale.

Le colon n'est pas le seul organe où une pathologie inflammatoire prédispose aux cancers. En effet, il a été montré que l'inflammation chronique du pancréas également appelée pancréatite était un facteur prédisposant aux cancers pancréatiques et qu'elle était associée à l'activation du facteur de transcription NFκB. Une hypothèse est donc que dans cette pathologie le facteur de transcription NFκB pourrait être à l'origine d'une réactivation de la *nétrine-1* normalement non-exprimée chez l'adulte qui pourrait activer la migration et la prolifération de certaines cellules pancréatiques et ainsi être à l'origine de la transformation tumorale (Grisham, 1999; Lowenfels et al., 1993; Paradisi et al., 2008; Steinle et al., 1999).

VI. Perte de la fonction pro-apoptotique des récepteurs à dépendance et cancers

Comme nous l'avons vu dans la première partie, la transformation tumorale est liée en partie à la perte de la fonction apoptotique. Le mode de fonctionnement des récepteurs à dépendance, et en particulier les pertes de fonction apoptotiques des récepteurs UNC5H et DCC évoquées précedemment dans la tumorigenèse colorectale, suggèrent que plusieurs mécanismes différents peuvent être à l'origine de la perte de fonction pro-apoptotique des récepteurs à dépendance : (i) la perte d'expression ou bien la perte de fonction du récepteur lui-même ou bien encore (ii) la surexpression du ligand. De manière intéressante, il a été montré pour les récepteurs DCC et UNC5H mais aussi pour les autres récepteurs à dépendance que ces deux types de pertes de fonction pouvaient être associées à la tumorigenèse suggérant que l'ensemble des récepteurs à dépendance pourraient jouer le rôle de suppresseur de tumeur tissu dépendant (figure 29). Par ailleurs, (iii) la perte de fonction des effecteurs de la signalisation apoptotique des récepteurs à dépendance pourrait constituer un autre mécanisme inhibiteur de la signalisation apoptotique des récepteurs à dependance et participer à la tumorigenèse. Bien que la signalisation des récepteurs à dépendance ne soit pour l'instant pas très documentée, il apparaît que la perte de fonction apoptotique des récepteurs UNC5H est associée aux cancers (figure 29).

Classe de protéines	Récepteurs/ Régulateurs/Effecteurs	Mutation, perte de fonction apoptotique	Surexpression, Gain de fonction	[illegible]
Récepteurs à dépendance	p75NTR	Cancer de la prostate, cancers oraux		[illegible]
	DCC	Majorité des cancers		[illegible]
	UNC5H1-3	Cancers colorectaux, et divers autres cancers		[illegible]
	Patched	Syndrome de Gorlin (anomalies du développement et prédisposition à de nombreux cancers), médulloblastomes, carcinome des cellules basales		[illegible]
	Néogénine	Cancer du sein		[illegible]
	Récepteur aux androgènes	Cancer du poumon, cancer de l'oesophage ou cancer de la vessie ?		[illegible]
	RET	Cancer de la thyroïde, syndrome MEN2A (*Multiple Endocrine Neoplasia type 2*)		[illegible]
	TrkC	Médulloblastomes, neuroblastomes		[illegible]
	ALK	Leucémies et nombreux cancers		[illegible]
	MET	Leucémies, cancer du poumon, de l'ovaire.		[illegible]
Ligands	NGF		Neuroblastomes	[illegible]
	Nétrine-1		Cancer du colon (souris), cancer du sein, cancer du poumon, neuroblastomes, pancréas, mélanomes	[illegible]
	Shh		Cancer du pancréas (métastases), cancer du poumon non à petites cellules	[illegible]
	NT-3		Neuroblastomes	[illegible]
Partenaires pro-apoptotiques des voies de signalisation	DAPk	mélanomes, cancers pulmonaires et colorectaux		
	NRAGE	mélanomes, et cancer du pancréas (métastases)		[illegible]

Figure 29 : Tableau résumant les dérégulations affectant la signalisation apoptotique des récepteurs à dépendance

3 mécanismes distincts peuvent entraîner la perte de fonction apoptotique des récepteurs à dépendance : la perte de fonction du récepteur, la surexpression du ligand ou encore la perte de fonction des partenaires des voies de signalisation. Dans le cas du récepteur aux androgènes, les cancers indiqués sont associés à une réduction de la queue polyglutamine du récepteur et donc potentiellement à sa perte de fonction apoptotique. Pour les récepteurs à activité tyrosine kinase, les cancers indiqués peuvent être associés à la fois à une perte de leur fonction apoptotique ou bien à une activation constitutive de leur activité tyrosine kinase (voie positive).

Dans ce paragraphe, je détaillerai plus particulièrement les pertes de fonction apoptotique observées pour les récepteurs UNC5H et DCC (figure 30A-D).

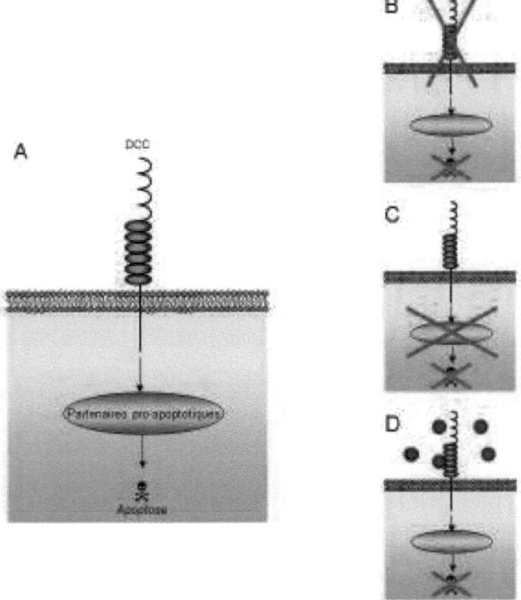

Figure 30 : Perte de fonction apoptotique des récepteurs à dépendance
Le modèle de fonctionnement des récepteurs à dépendance suggère que 3 types de dérégulation peuvent supprimer le pouvoir pro-apoptotique des récepteurs à dépendance et favoriser ainsi la tumorigenèse. Le couple récepteur-ligand représenté ici à titre d'exemple est le couple DCC/Nétrine-1. En absence de son ligand DCC recrute différents partenaires pro-apoptotiques et induit l'apoptose (A). La perte de cette fonction apoptotique peut être liée soit à une perte de fonction et une perte d'expression du récepteur (B), soit à une perte de fonction des partenaires pro-apoptotiques centraux (C), ou encore à un gain d'expression du ligand (D).

A.   *Perte d'expression ou mutation des récepteurs UNC5H et DCC*

Comme nous l'avons vu précédemment, la plupart des cancers colorectaux présentent une perte d'expression du gène DCC et UNC5H3 suite à différents processus : délétion chromosomique, hyperméthylation du promoteur ou LOH (figure 30B). De plus, des études menées au laboratoire par Marie-May Coissieux révèlent que des mutations du récepteur UNC5H3 sont également associées à des cas familiaux de cancers colorectaux (données non-publiées). En particulier, la mutation A628K située dans le domaine ZU-5 du récepteur est associée à une perte de fonction du récepteur UNC5H3 *in vitro*. La génération de souris exprimant le transgène UNC5H3-A628K permettra de vérifier si cette mutation induit une prédisposition aux cancers colorectaux après croisement avec des souris porteuses de la mutation APC. Par ailleurs, il a également été montré au laboratoire que plus de 80% des cancers rénaux et ovariens, 70% des cancers pulmonaires et 50% des cancers mammaires présentent une réduction au moins de moitié de l'expression des récepteurs UNC5H, et de la même manière l'expression de DCC est perdue dans de nombreux types de cancers et lignées tumorales dérivées de ces cancers, suggérant que ces deux récepteurs pourraient également avoir un rôle de suppresseur de tumeur dans d'autres tissus (Bernet and Fitamant, 2008; Mehlen and Guenebeaud, 2009; Thiebault et al., 2003).

B.   *Perte de fonction des partenaires pro-apoptotiques*

Comme nous l'avons vu précédemment, seules les protéines NRAGE et la DAPk ont été décrites comme des effecteurs « fonctionnels » de la signalisation apoptotique des récepteurs UNC5H, alors que la protéine DIP13α/APPL1 décrite comme une protéine interagissant avec DCC n'a pas été clairement mise en relation avec le processus apoptotique via DCC.

Il est à noter que l'expression de NRAGE et de la DAPk est altérée dans de nombreux cancers et impliquée dans la progression tumorale. Ainsi l'expression de la DAPk est réduite ou perdue suite à l'hyperméthylation de son promoteur dans des cancers colorectaux, des cancers pulmonaires ou bien encore dans des mélanomes (figure 30C)(Hoon et al., 2004; Mittag et al., 2006; Pulling et al., 2009). De la même manière, il a été montré que l'expression de NRAGE est réduite dans des lignées de mélanomes et cette réduction est responsable d'une augmentation de l'agressivité des cellules cancéreuses. En effet, il a été montré par des analyses *in vitro* que la surexpression de NRAGE dans des lignées de mélanomes entraîne l'inhibition de la métalloprotéase MMP-2 et diminue ainsi le pouvoir invasif de ces cellules *in vivo* (Chu et al., 2007). Toutefois, la perte d'expression de NRAGE n'a pour l'instant pas été décrite dans des tumeurs et reste à identifier.

C.   *Surexpression de Nétrine-1*

Initialement décrite comme étant un élément suffisant à l'initiation de la tumorigenèse intestinale chez la souris, la surexpression de la Nétrine-1 a également été caractérisée dans d'autres cancers particulièrement agressifs : les mélanomes métastatiques, les neuroblastomes de stade IV métastatiques ainsi que les cancers pancréatiques avec invasion ganglionnaire et semble être à l'origine d'une agravation du phénotype tumoral (figure 30D).

Au laboratoire, il a été montré que la Nétrine-1 jouait le rôle de facteur de survie dans les neuroblastomes et favorisait également la dissémination métastatique *in vivo* et *in vitro*. Il a été montré que l'inhibition de la Nétrine-1 par le peptide bloquant DCC-5Fbn était suffisante à induire la mort de lignées de neuroblatomes exprimant fortement la Nétrine-1 et ce de manière autocrine. D'autre part, l'inhibition de la Nétrine-1 par ce peptide ou par siRNA est capable d'inhiber à la fois la formation d'une tumeur primaire mais aussi la dissémination métastatique dans un modèle de tumorigenèse chez le poulet, suggérant que la surexpression de la Nétrine-1 est un facteur de survie des cellules tumorales, et qu'elle favorise également l'échappement métastatique (Delloye-Bourgeois et al., 2009a). En effet, il a été montré que la greffe de cellules de neuroblastomes exprimant fortement la Nétrine-1 (lignée IMR32) sur la membrane chorio-allantoïdienne d'embryons de poulet induisait la formation d'une tumeur primaire sur la membrane mais aussi une dissémination métastatique dans le foie et le poumon de l'embryon, phénomènes tous deux inhibés par l'injection intratumorale ou intraveineuse du peptide DCC-5Fbn ou d'un siRNA Nétrine-1 respectivement (Delloye-Bourgeois et al., 2009b). Un autre groupe a également montré que la Nétrine-1 était surexprimée dans des lignées de mélanomes en comparaison avec des mélanocytes (non-tumoral) et que cette surexpression de la Nétrine-1 par les cellules de mélanomes était associée à un pouvoir migratoire accru des cellules exprimant fortement la Nétrine-1. Toutefois, dans cette étude aucune donnée clinique ne permet de corréler la surexpression de la Nétrine-1 dans les mélanomes avec leur capacité à former des métastases (Kaufmann et al., 2009).

D'autre part, la surexpression de Nétrine-1 a été caractérisée comme un facteur de mauvais pronostic dans les cancers pancréatiques et les neuroblastomes métastatiques de stade IV. En effet, les patients présentant des adénocarcinomes pancréatiques avec un taux d'expression faible ou nul de la Nétrine-1 présentent une espérance de vie sans rechute accrue (supérieur ou égale à 11 mois) en comparaison des patients présentant une surexpression de Nétrine-1 pour lesquels l'espérance de vie sans rechute est de 4 mois. Cette étude révèle également que les cancers présentant une surexpression de la Nétrine-1 sont plus disséminés et peu différenciés en comparaison avec les cancers exprimant peu ou pas la Nétrine-1 (Link et al., 2007).

Les neuroblastomes de stade IV peuvent être subdivisés en 3 classes distinctes : (i) les neuroblastomes se déclarant chez les enfants de moins d'1 an, (ii) les neuroblastomes se déclarant chez des enfants de moins d'1an et régressant spontanément (stade 4S) et enfin (iii), les neuroblastomes se déclarant chez les enfants de plus d'1 an. Les deux premiers types de neuroblastomes sont considérés comme de bon pronostic car ils répondent aux traitements chimiothérapeutiques ou régressent spontanément et les enfants atteints présentent un taux de survie à 5 ans supérieur à 80%. Au contraire, le dernier type de neuroblastome évoqué est de très mauvais pronostic car il répond très mal aux chimiothérapies et présente un taux de survie à 5 ans de 30% seulement. De manière intéressante, l'analyse de l'expression de la Nétrine-1 révèle qu'environ 40% de ces neuroblastomes de mauvais pronostic présentent une surexpression de Nétrine-1 contrairement aux neuroblastomes de stade 4 de bon pronostic (Delloye-Bourgeois et al., 2009b).

En résumé, la surexpression de la Nétrine-1 est associée avec des stades cancéreux agressifs, caractérisés par une migration des cellules tumorales dans les tissus adjacents (ganglions) ou distants (métastases) de la tumeur. De plus, des études *in vitro* et *in vivo* ont permis de mettre en évidence que cette surexpression de Nétrine-1 avait un rôle de facteur de survie des cellules tumorales capable par ailleurs de stimuler leur migration et leur dissémination dans les ganglions ou dans des sites métastatiques secondaires.

Chapitre III : Objectifs de thèse

Le laboratoire s'intéresse à la signalisation des récepteurs à dépendance et à leurs dérégulations pathologiques dans les cancers ou dans la maladie neurodégénérative d'Alzheimer. Je fais partie d'une équipe dont le but est de caractériser d'une part le rôle de la Nétrine-1 et de ses récepteurs UNC5H et DCC dans le contrôle de la tumorigenèse, et d'autre part la signalisation pro-apoptotique médiée par ces récepteurs.

Les premières études menées par ce groupe ont permis de caractériser le rôle de suppresseur de tumeur des récepteurs UNC5H3 et DCC dans le colon et de montrer que la surexpression de la Nétrine-1 était une étape suffisante à l'initiation de la tumorigenèse intestinale (Bernet et al., 2007; Mazelin et al., 2004). Au cours de ma thèse, j'ai participé à la caractérisation de la perte de fonction apoptotique des récepteurs UNC5H par surexpression de la Nétrine-1 dans d'autres cancers : la tumorigenèse pulmonaire et mammaire (publication de deux articles en co-auteur et un article en préparation en co-premier auteur). Au laboratoire, une thérapie ciblée dirigée spécifiquement contre la surexpression de Nétrine-1 dans les cancers est en cours de développement.

En parallèle, j'ai également étudié la signalisation des récepteurs à dépendance UNC5H et DCC. En effet, j'ai participé à la mise en évidence de l'oligomérisation des récepteurs UNC5H2 et DCC en présence de Nétrine-1 à l'origine de l'inhibition de leurs voies de signalisation apoptotique respectives (publication d'un article en co-auteur) et d'autre part, j'ai réalisé un crible d'ARNinterférence afin d'identifier de nouveaux effecteurs des voies de signalisation des récepteurs UNC5H qui m'a permis de caractériser le rôle de la protéine phosphatase PP2A et plus particulièrement de sa sous-unité PR65β dans la déphosphorylation de la DAPk et l'induction de l'apoptose par le récepteur UNC5H2 (article en premier auteur actuellement soumis).

Résultats

Partie I : Caractérisation de la Nétrine-1 et de ses récepteurs UNC5H dans la tumorigenèse mammaire et pulmonaire et élaboration d'une thérapie ciblée

Après une présentation des travaux visant à caractériser le rôle de la Nétrine-1 dans la tumorigenèse mammaire et pulmonaire, j'exposerai comment la Nétrine-1 pourrait être ciblée afin de développer une nouvelle thérapie. L'ensemble des travaux sera exposé sous une forme résumée avec les publications ou les résultats correspondants joints.

Article 1 : L'expression de la Nétrine-1 est un avantage sélectif pour la survie des cellules tumorales dans les cancers du sein métastatiques

Netrin-1 expression confers a selective advantage for tumor cell survival in metastatic breast cancer.

Fitamant J., Guenebeaud C., Coissieux MM., Guix C., Treilleux I., Scoazec JY., Bachelot T., Bernet A., Mehlen P. PNAS, 2008

Afin d'évaluer le rôle de la Nétrine-1 et de ses récepteurs dans la tumorigenèse mammaire, nous avons dans un premier temps analysé le taux d'expression de la Nétrine-1 par RT-PCR-Quantitative à partir d'un panel de 51 échantillons de tumeurs mammaires. Ces biospies tumorales étudiées regroupent 3 types de tumeurs : des tumeurs localisées non-métastatiques (N0, n=16), des tumeurs associées à un envahissement ganglionnaire (N+M0, n=19) et enfin des tumeurs métastatiques d'emblée (M+, n=16), c'est-à-dire prélevées chez des patientes présentant des foyers métastatiques dans divers organes dès le diagnostic de la tumeur primaire. Une surexpression de Nétrine-1 proportionnelle à l'aggressivité tumorale a ainsi pu être mise en évidence. En effet, 31.5% des tumeurs N+M0 présentent une expression de *nétrine-1* 5 fois supérieures à celle observée pour les tumeurs N0, cette proportion atteignant 62.5% pour les tumeurs métastatiques M+. Parmi ces dernières, 37.5% présentent une

106

surexpression de Nétrine-1 de plus de 15 fois supérieure à la population N0, une telle surexpression n'ayant été retrouvée pour aucune tumeur des deux groupes N0 et N+M0. Par ailleurs, des immunohistochimies réalisées sur des coupes de tumeurs primaires ont confirmé que la Nétrine-1 était largement surexprimée dans les tumeurs M+ par rapport aux tumeurs N+M0. En revanche, aucune différence significative n'a été détectée dans l'expression des récepteurs UNC5H1-3 dans les échantillons tumoraux par rapport aux échantillons de tissus sains associés. L'expression du récepteur DCC est quant à elle perdue dans les trois populations tumorales analysées.

Afin d'étudier le rôle de cette surexpression de Nétrine-1 dans l'échappement métastatique, nous avons utilisé un modèle murin de tumorigenèse mammaire comportant deux lignées tumorales 67NR et 4T1 dérivées d'une même tumeur mammaire de souris Balb/C. Malgré leur origine et leur capacité commune à former des tumeurs primaires mammaires chez la souris Balb/C, seule la lignée 4T1 est capable d'accomplir toutes les étapes du processus métastatique, et de disséminer dans les mêmes organes que ceux affectés en cas de cancer du sein chez la femme : l'os, le poumon, le foie et le cerveau. De manière intéressante, nous avons retrouvé dans ce modèle la différence d'expression observée chez l'homme : la lignée métastatique 4T1 exprime la Nétrine-1 au contraire de la lignée 67NR, expression associée à une production autocrine de la protéine. Par ailleurs, nous avons montré que la Nétrine-1 produite de manière autocrine était un facteur de survie pour les cellules 4T1 *in vitro* car son inhibition par siRNA ou par un peptide titrant la Nétrine-1 induit l'apoptose de ces cellules en culture, cet agent titrant correspondant à l'un des sites de fixation de la Nétrine-1 sur le récepteur DCC (5ème domaine fibronectine de DCC d'où son nom : DCC-5Fbn). De plus, nous avons montré que l'apoptose des cellules 4T1 induite par la privation de la Nétrine-1 était liée à l'activation des voies de signalisation pro-apoptotiques par les récepteurs UNC5H. En effet, la transfection du mutant dominant négatif UNC5H2-IC-D412N (inhibiteur de la signalisation apoptotique de l'ensemble des récepteurs UNC5H), bloque l'apoptose des cellules 4T1 induite par la privation de Nétrine-1.

En parallèle, nous avons également analysé l'expression de la Nétrine-1 et son rôle de facteur de survie dans les lignées tumorales mammaires humaines. Pour cela, nous avons analysé l'expression de la Nétrine-1 (par RT-PCR quantitative) dans 48 lignées tumorales humaines et nous avons sélectionné les lignées SKBR7 et T47D comme des lignées exprimant fortement la Nétrine-1 au contraire de la lignée MDA-MB231. Nous avons montré que l'inhibition de la Nétrine-1 (par siRNA ou par le peptide bloquant DCC-5Fbn) induisait spécifiquement l'apoptose des cellules exprimant la Nétrine-1 suggérant que le rôle de facteur de survie de la Nétrine-1 est conservé chez l'homme tout comme la production autocrine de Nétrine-1 par les cellules tumorales.

Nous avons ensuite voulu vérifier que la production autocrine de la Nétrine-1 constituait bien un avantage sélectif de survie favorisant la prolifération des cellules tumorales *in vivo* et leur dissémination métastatique. Pour cela, nous avons réalisé des clones stables de la lignée 4T1 exprimant le gène de la luciférase *firefly* permettant le suivi visuel et quantitatif de la progression tumorale *in vivo* par un processus non-invasif utilisant la bioluminescence. Nous avons injecté les cellules 4T1 par voie intraveineuse à des souris Balb/C, condition selon laquelle les cellules 4T1 colonisent rapidement les poumons et forment des métastases en deux semaines. Ce modèle a permis de démontrer l'efficacité du peptide DCC-5Fbn ou bien du siRNA anti-Nétrine-1 sur la dissémination métastatique des cellules 4T1 et sur la régression des foyers métastatiques formés par les cellules 4T1. En effet, il a été montré que l'administration quotidienne du peptide DCC-5Fbn par voie intrapéritonéale inhibait de manière dose dépendante la formation de foyers tumoraux secondaires en comparaison avec l'injection d'un peptide contrôle FADD (produit dans les mêmes conditions que le peptide DCC-5Fbn), des résultats similaires ayant été obtenus avec l'injection du siRNA Nétrine-1 en comparaison avec un siRNA contrôle. D'autre part, il a été montré que l'inhibition de la Nétrine-1 par le peptide DCC-5Fbn était non seulement capable d'éviter la formation de métastases mais également d'induire une régression des foyers secondaires déjà en place. Pour cette deuxième étude, le début du traitement des souris a été différé au moment où des foyers micrométastatiques pulmonaires sont détectables chez les souris.

En conclusion, cette étude montre que la surexpression de la Nétrine-1 peut être considérée comme un marqueur de la dissémination métastatique chez les patientes atteintes d'un cancer du sein, que cette expression semble correspondre à un avantage sélectif acquis par les cellules tumorales pour s'affranchir de la dépendance induite par l'expression de leurs récepteurs UNC5H (seuls récepteurs à dépendance à Nétrine-1 exprimés dans l'ensemble des cellules utilisées) et que cette caractéristique permet d'envisager une nouvelle approche thérapeutique ciblée basée sur l'inhibition de la Nétrine-1 afin de rétablir l'activité pro-apoptotique de ses récepteurs et d'induire la mort des cellules tumorales, cette approche ayant été validée chez un modèle syngénique murin de cancer du sein.

Article 2 (en préparation) : La surexpression de Nétrine-1 est corrélée à l'agressivité tumorale dans le cancer du sein et son inhibition est une nouvelle perspective thérapeutique

Guenebeaud C.*, Fitamant J.*, Delcros JG., Bachelot T., Scoazec JY., Bernet A., Mehlen P.

(* co-premiers auteurs)

Nous avons poursuivi les travaux sur la tumorigenèse mammaire en nous concentrant sur l'aspect pronostique que pourrait avoir la Nétrine-1 sur les cancers du sein mais aussi sur l'effet du DCC-5Fbn sur des tumeurs humaines et son utilisation potentielle en tant que thérapie ciblée. Les résultats présentés ici sont préliminaires et n'ont pas encore été publiés.

Pour cette étude, l'expression de la Nétrine-1 au sein d'une nouvelle cohorte de 80 tumeurs mammaires a été analysée par RT-PCR-Quantitative, puis recoupée avec les données propres à chaque patiente : origine du cancer, statut ménopause, taille et grade de la tumeur, invasion vasculaire et ganglionnaire, positionnement dans la classification TNM (*Tumor, Node, Metastasis*), statut métastatique, et statut des marqueurs ER et PR (récepteurs à l'estradiol et progestérone respectivement) et HER2. Nous avons retrouvé la corrélation entre le taux de Nétrine-1 et la dissémination métastatique décrite précédemment (Fitamant et al., 2008) et de manière intéressante nous avons également observé une corrélation entre la forte expression de Nétrine-1 et l'invasion ganglionnaire (figure IA). De plus, une forte expression de la Nétrine-1 est associée de manière significative à un nombre accru de ganglion envahit, à une invasion des tissus locaux (mammelon et paroi thoracique) ainsi qu'à une surexpression de l'oncogène HER2. En revanche, cette analyse n'a pas permis de mettre en relation le statut ménopause, le type cellulaire de cancer, le grade et la taille de la tumeur, la vascularisation tumorale ou encore l'expression des récepteurs hormonaux PR et ER avec le taux d'expression de la Nétrine-1 dans les cancers mammaires.

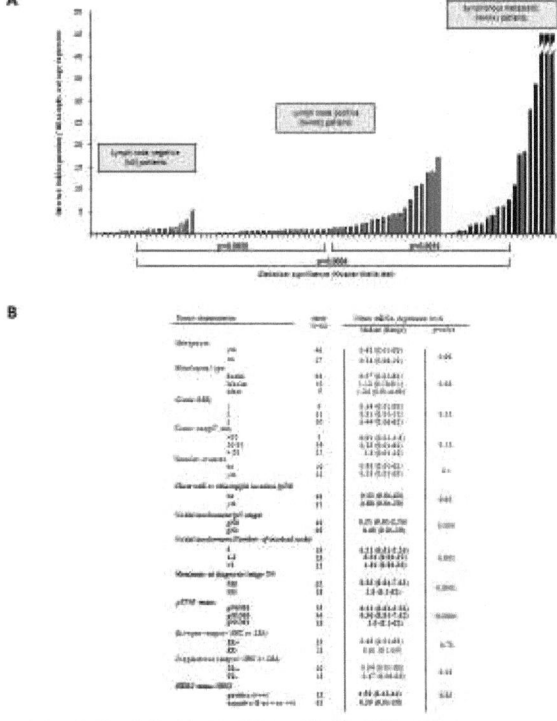

Figure 1. Présentation des taux d'expression de *nétrine-1* dans des tumeurs primaires de patientes atteintes d'un cancer du sein.
(A) Les expressions de nétrine-1 ont été mesurées par RT-PCR quantitative à partir de 80 biopsies de tumeurs du sein de patientes présentant un cancer localisé (N0), un envahissement ganglionnaire (N+) ou des métastases distantes (N+/M+) au moment du diagnostic. Le graphique montre une corrélation significative entre les taux d'expression de nétrine-1 et le stade d'avancement et d'agressivité de la maladie.
(B) Les 80 tumeurs ont été classées selon différents critères cliniques. Pour chaque sous-groupe, la valeur médiane d'expression de nétrine-1 est indiquée, ainsi que la signification des différences d'expression. Cette analyse met en évidence qu'une forte expression de nétrine-1 est corrélée à une invasion locale de la peau et de la paroi thoracique, à un envahissement ganglionnaire, au nombre de ganglions envahis, à un envahissement métastatique, ainsi qu'à une forte expression de l'oncogène HER2.

Ainsi, ces données suggèrent que dans les cancers mammaires la Nétrine-1 a un rôle pro-disséminatoire distal (formation de foyers métastatiques) mais aussi un rôle pro-invasif proximal (envahissement des ganglions et des tissus adjacents à la tumeur). L'association entre la surexpression de l'oncogène HER2 et la Nétrine-1 particulièrement intéressante mérite d'être confirmée sur un nombre plus important de biopsies tumorales car ici, le degré de significativité n'est pas élevé (p=0.05). En effet, HER2 est un oncogène surexprimé dans environ 20% des cancers du sein et leur confère un statut particulièrement aggressif. Des thérapies ciblées visent à inactiver spécifiquement cet oncogène (ex : Herceptine®) mais des phénomènes de résistance tumorale existent vis-à-vis de ces traitements. Il serait donc d'un intérêt thérapeutique certain de pouvoir identifier parmi cette population HER2[+], une sous-population susceptible de bénéficier d'un traitement alternatif ou complémentaire dirigé contre la Nétrine-1.

Dans un second temps, nous avons cherché à valider l'approche thérapeutique consistant à rétablir l'activité pro-apoptotique des récepteurs à dépendance fixant la Nétrine-1 dans un modèle plus proche de la tumorigenèse mammaire humaine que le modèle syngénique utilisant les souris Balb/C et la lignée 4T1 présenté précédemment (Fitamant et al., 2008). Pour cela, nous avons utilisé deux modèles tumoraux distincts chez la souris nude : (i) des xénogreffes de lignées mammaires tumorales humaines (étude menée au laboratoire) et (ii) des xénogreffes de biopsies tumorales mammaires directement dérivées de tumeurs fraîches humaines (étude réalisée par la société XenTech issue de l'institut Curie).

Au laboratoire, nous avons réalisé des xénogreffes des cellules T47D (Nétrine-1 +++) et MDA-MB231 (Nétrine-1 -) décrites précédemment (Fitamant et al., 2008) dans le flanc de souris *nude* qui ont été traitées quotidiennement avec le peptide DCC-5Fbn ou bien du PBS par voie intra-tumorale pendant une durée de 14 jours. Nous avons mesuré 3 fois par semaine le volume des tumeurs et obtenus les résultats présentés figure IIA. Nous avons observé une régression des tumeurs T47D traitées au DCC-5Fbn par rapport aux tumeurs contrôles traitées au PBS associée à une forte activation de la caspase 3 (figure IIB) alors qu'aucun effet du DCC-5Fbn n'a été observé sur la croissance des xénogreffes MDA-MB231 (figure IIA). L'analyse histopathologique des tumeurs a permis de mettre en évidence dans les tumeurs T47D traitées avec le peptide DCC-5Fbn une réduction importante du nombre de foyer tumoraux et de nombreuses zones nécrotiques alors que les tumeurs MDA-MB231 issues des souris traitées et non-traitées présentent une morphologie similaire avec de nombreux foyers de prolifération cellulaire (figure IIA).

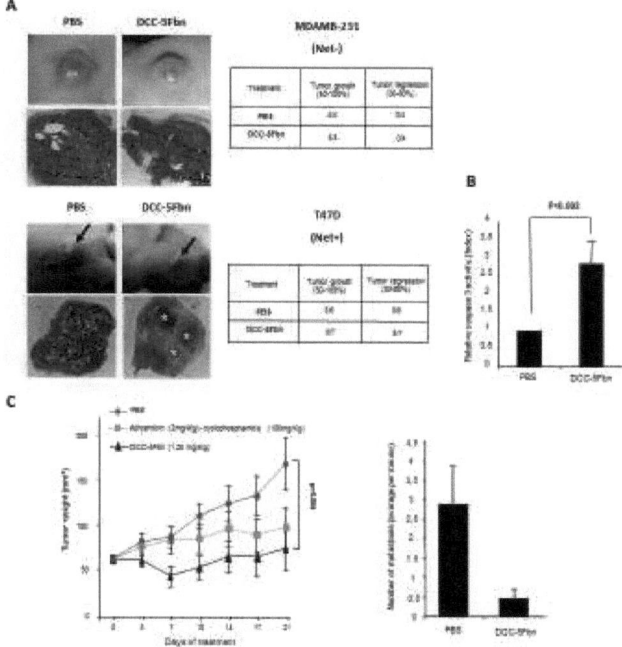

Figure II. Validation de l'efficacité du peptide DCC-5Fbn à partir de deux modèles humains de cancer du sein

(A) Dans un premier modèle, des souris immunodéficientes ont subies une greffe sous-cutanée, soit avec la lignée humaine de cancer du sein MDA-MB-231 n'exprimant pas la nétrine-J (Net-), soit avec la lignée T47D exprimant fortement la nétrine-J (Net+), ces deux lignées étant capables de se développer et de former des tumeurs. Le traitement par voie intra-tumorale de ces souris avec une solution de DCC-5Fbn entraine spécifiquement une régression des tumeurs T47D. Cette régression se caractérise à l'analyse anatomopathologique des tumeurs par une forte diminution du nombre de foyers tumoraux et la présence de foyers nécrotiques (désignés par des étoiles vertes) (B) La régression des tumeurs T47D est attribuée à une apoptose des cellules tumorales induite par le DCC-5Fbn, les cellules de ces tumeurs présentant une augmentation significative de leur activité caspase-3 par rapport aux tumeurs traitées au PBS. (C) Dans un second modèle, les fragments d'une tumeur fraîche humaine, sélectionnée pour sa forte expression de nétrine-J, ont été greffées chez des souris immunodéficientes. L'effet d'un traitement avec le DCC-5Fbn par voie intra-veineuse sur la progression tumorale a été comparé à celui d'un traitement au PBS ou d'un traitement chimiothérapeutique classique (Adryamicine-Cyclophosphamide). Les courbes de croissance tumorales montrent une efficacité significative du traitement avec le DCC-5Fbn. Par ailleurs, le traitement avec le DCC-5Fbn s'accompagne d'une forte diminution du nombre de métastases pulmonaires formées à partir de la tumeur primaire.

Le modèle tumoral correspondant aux biopsies de tumeurs humaines fraîches est particulièrement intéressant car il est proche de la tumorigenèse humaine et reprend ses principales étapes : la formation d'une tumeur primaire (sous-cutanée) puis la formation de métastases pulmonaires. Après réalisation des greffes, les souris ont été réparties en trois lots : un groupe contrôle traité au PBS, un groupe traité avec une chimiothérapie considérée comme traitement de référence (adryamicine, cyclophosphamide) et un groupe traité avec le peptide DCC-5Fbn. Les tumeurs primaires ont été mesurées 2 fois par semaine et les courbes de croissance sont représentées figure IIC. Après 3 semaines, les souris ont été euthanasiées et le nombre de métastases pulmonaires a été quantifié. Les résultats obtenus montrent que le peptide DCC-5Fbn est capable de bloquer la croissance tumorale de manière plus importante que la chimiothérapie de référence. En outre, dans ce modèle le peptide est également capable de prévenir la formation de métastases pulmonaires (figure IIC). Ainsi, l'ensemble de ces données *in vivo* confirment que l'inhibition de la fixation de la Nétrine-1 sur ses récepteurs à dépendance par le peptide DCC-5Fbn est suffisante pour induire l'apoptose des cellules tumorales surexprimant la Nétrine-1 et inhiber l'échappement métastatique au cours de la tumorigenèse mammaire.

La mise en application d'une thérapie ciblée nécessite non seulement le développement de molécules efficaces dirigées contre des cibles définies, mais nécessite également l'identification de marqueurs permettant de sélectionner les patients succeptibles de bénéficier de ces approches. La sélection des patientes pouvant bénéficier d'une thérapie basée sur l'inhibition de la Nétrine-1 peut se faire a priori par deux approches. La première approche consisterait à quantifier la Nétrine-1 sur une biopsie tumorale prélevée chez la patiente. Une deuxième approche moins contraignante et moins coûteuse serait de pouvoir détecter des taux anormalement élevés de Nétrine-1 dans le sang. A l'heure actuelle, ce type de dosage est par exemple utilisé pour suivre l'évolution des cancers de la prostate : le taux sanguin de PSA (*Prostatic Specific Antigen*) est en effet corrélé à la taille des tumeurs de la prostate et permet ainsi de suivre la réponse tumorale à un traitement et de diagnostiquer les rechutes.

Nous avons donc cherché à savoir d'une part si la Nétrine-1 soluble pouvait être détectée dans le sang circulant et d'autre part si un fort taux de Nétrine-1 était caractéristique des patientes atteintes d'un cancer du sein.

Actuellement nous sommes actuellement en train de développer une méthode simple basée sur un test ELISA qui permettrait de doser la Nétrine-1 dans le sang circulant et d'en faire ainsi un marqueur facilement accessible. En première approche, nous avons réalisé un dosage de la Nétrine-1 chez 29 patientes à partir d'échantillons de sérum. Le sérum se distingue du plasma par l'absence de fibrinogène qui est responsable de la coagulation. Il est donc plus facile à obtenir et l'absence d'anti-coagulant évite l'introduction d'un biais potentiel (par modification du pH, de la concentration en sel ou encore par l'ajout de molécules exogènes comme l'héparine).

Les résultats de ce dosage par ELISA sont présentés figure III. Nous avons observé que le taux de Nétrine-1 sérique est plus élevé chez les patientes présentant des tumeurs mammaires par rapport aux individus sains (figure IIIA). De manière surprenante, les résultats préliminaires indiquent également que le taux de Nétrine-1 sérique chez les patientes présentant des métastases est inférieur au taux de Nétrine-1 sérique des patientes à cancers localisés ce qui est contradictoire avec les données obtenues par RT-PCR-Quantitative (figure IIIA). Toutefois, les variations observées sont trop importantes pour valider statistiquement cette observation et l'analyse d'un plus grand nombre d'échantillon est nécessaire pour confimer ou infirmer ce résultat.

De plus, l'analyse du taux de Nétrine-1 sérique et plasmatique sur une même patiente révèle que la méthode ELISA basée sur le dosage sérique est peu sensible en comparaison avec un dosage plasmatique. En effet, le taux de Nétrine-1 détecté dans le plasma est au moins 3 fois supérieur au taux de Nétrine-1 détecté dans le sérum pour une même patiente atteinte d'un cancer du sein métastatique (figure IIIB). Une hypothèse pour expliquer cette différence de détection est une interaction aspécifique de la Nétrine-1 (via son domaine C-terminal connu pour interagir avec des constituants de la matrice extracellulaire et les membranes cellulaires) avec le fibrinogène ou avec les cellules sanguines présents dans le plasma mais absents dans le sérum.

L'ensemble de ces résultats révèle donc un problème de sensibilité des tests sériques jusqu'alors réalisés et nous essayons actuellement de mettre au point un test ELISA basé sur la détection de la Nétrine-1 dans le plasma. Les tests en cours visent à déterminer quel anticoagulant nous pourrions utiliser pour doser la Nétrine-1 plasmatique en interférant le moins possible avec le test ELISA lui-même pour obtenir des résultats non-biaisés. En effet, certains anticoagulants modifient le pH (exemple : le Citrate de sodium) ou la concentration en sel (exemple : EDTA), éléments pouvant entraîner des modifications conformationelles des protéines et donc perturber les dosages utilisant des anticorps dirigés contre des épitopes spécifiques. La Nétrine-1 est également capable de lier les groupements héparane-sulfate et ainsi, l'utilisation de l'héparine comme anticoagulant pourrait aussi pertuber le test.

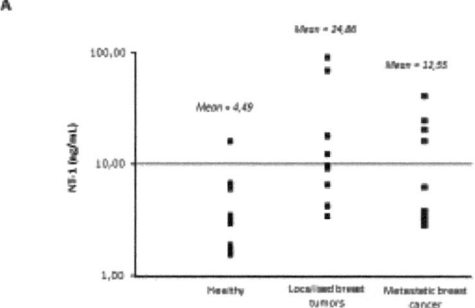

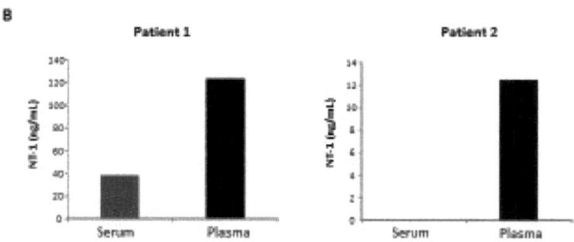

Figure III. Quantification du taux de nétrine-1 soluble humaine par méthode ELISA à partir de sérums et plasmas sanguins. (A) Les taux de nétrine-1 ont été mesurés à partir d'une série de 29 échantillons de sérums, prélevés chez des patientes saines, atteintes d'un cancer du sein localisé ou d'un cancer du sein métastatique. Cette analyse met en évidence que les plus faibles taux de nétrine soluble sont retrouvés chez les femmes ne présentant pas de cancer. A l'inverse, les patientes atteintes d'un cancer localisé présentent en moyenne des taux de nétrine-1 sérique plus élevés que les patientes atteintes d'un cancer du sein métastatique. (B) Les taux de nétrine-1 sériques et plasmatiques ont été comparés à partir de sang frais prélevé chez deux patientes atteintes d'un cancer métastatique du sein. Cette comparaison met en évidence des taux de nétrine-1 soluble bien plus élevés dans les plasmas que dans les sérums de chacune des deux patientes.

En conclusion, ces résultats, bien que préliminaires, permettent de compléter notre première étude effectuée sur le rôle de la Nétrine-1 dans les cancers du sein. Ils confirment tout d'abord à partir de l'analyse d'un plus grand nombre de biopsies, la corrélation entre la surexpression de Nétrine-1 et la dissémination métastatique, mais aussi avec d'autres marqueurs d'aggressivité comme le nombre de ganglions envahis, l'invasion des tissus adjacents et également potentiellement avec le marqueur d'aggressivité tumorale HER2. Par ailleurs, l'utilisation de plusieurs modèles proches de la tumorigenèse mammaire humaine a permis de valider *in vivo* l'effet d'une éventuelle thérapie basée sur l'inhibition de la Nétrine-1 à la fois sur la croissance tumorale et sur la dissémination métastatique. En particulier, nous avons montré sur un modèle utilisant des tumeurs mammaires fraîches humaines surexprimant la Nétrine-1 que le peptide DCC-5Fbn avait une efficacité supérieure à la chimiothérapie de référence sur la régression tumorale et l'échappement métastatique. Enfin, les premiers résultats obtenus sur la quantification du taux de la Nétrine-1 dans le sang a permis de montrer qu'un dosage de Nétrine-1 est réalisable. Toutefois, contrairement à ce qui a été observé à partir de l'analyse des tumeurs primaires, il apparaît en première approche que les taux de Nétrine-1 les plus élevés ne sont pas détectés dans les sérums de patientes avec des cancers métastatiques sans doute à cause d'un problème de détection de la Nétrine-1 dans le sérum. Pour répondre à ces différents points, nous sommes actuellement en train d'élargir le nombre d'échantillon sérique analysé et de mettre au point une méthode de dosage de la Nétrine-1 plasmatique.

Interference with netrin-1 triggers tumor cell death in Non Small Cell Lung Cancer

Delloye-Bourgeois C., Brambilla E., Coissieux MM., Guenebeaud C., Pédeux R., Brambilla C., Mehlen P., Bernet A., JNCI 2009

Après les travaux réalisés sur le cancer du sein, nous nous sommes intéressés à un autre cancer fréquent : le cancer du poumon non-à-petites-cellules. Pour ces travaux, j'ai participé à la caractérisation du rôle de la Nétrine-1 dans la tumorigenèse pulmonaire *in vivo* par la réalisation de xénogreffes chez la souris *nude*.

Nous avons analysé le taux d'expression de Nétrine-1 par RT-PCR-Quantitative dans 92 échantillons tumoraux par rapport aux tissus sains adjacents. Nous avons observé qu'environ 80% des tumeurs présentaient une surexpression de Nétrine-1 sans corrélation significative avec le grade tumoral ou avec le type tumoral analysé (adénocarcinomes ou carcinomes épidermoïdes, ces deux types de cancers du poumon non-à-petites-cellules étant les plus fréquents). Ces résultats ont été confirmés par immunomarquage anti-Nétrine-1 et par des hybridations *in situ* sur des coupes de tumeurs. De manière intéressante, alors que les immunohistochimies révèlent une présence diffuse de la Nétrine-1 dans le poumon, les hybridations *in situ* indiquent clairement que l'ensemble des cellules tumorales n'exprime pas la Nétrine-1 mais que seule une sous-population tumorale épithéliale possède cette propriété. Par ailleurs, il a été montré que l'expression des récepteurs UNC5H1-4 était conservée entre tissu sain et tumoral alors que l'expression du récepteur DCC était systématiquement perdue.

Afin d'étudier le rôle de la Nétrine-1 dans la tumorigenèse pulmonaire, nous avons analysé le taux d'expression de la Nétrine-1 dans un panel de 25 lignées tumorales pulmonaires humaines. Nous avons ainsi caractérisé les lignées H358, H322 et A427 comme des lignées exprimant fortement la Nétrine-1 de manière autocrine et la lignée H460 comme une lignée n'exprimant pas la Nétrine-1 (montré par RT-PCR-Quantitative puis confirmé par immunohistochimie). L'expression des récepteurs UNC5H1-4 a également été détectée dans l'ensemble de ces lignées contrairement à l'expression du récepteur DCC dont l'expression est systématiquement perdue.

Nous avons montré que la Nétrine-1 produite de manière autocrine par les lignées pulmonaires tumorales Nétrine-1 positive était un facteur de survie pour ces cellules *in vitro* et nous avons également montré que les mécanismes pro-apoptotiques induits par la privation de Nétrine-1 impliquaient les récepteurs UNC5H et la DAPk. L'inhibition de la Nétrine-1 par siRNA ou par le peptide DCC-5Fbn induit la mort des cellules Nétrine-1 positives H358, H322 et A4127 par apoptose *in vitro* alors qu'aucun effet de ces agents anti-Nétrine-1 n'est constaté sur la lignée H460. Par ailleurs, nous avons montré dans la lignée H358 que l'apoptose induite par l'inhibition de la Nétrine-1 était principalement liée à l'activation des voies de signalisation apoptotiques des récepteurs UNC5H1 et UNC5H2 car la co-transfection de siRNA ciblant ces deux récepteurs inhibe la mort cellulaire induite par le siRNA Nétrine-1 (lignée H358) au contraire des siRNA dirigés contre les récepteurs UNC5H3, UNC5H4 et DCC. De plus, il a été montré que cette apoptose était liée à l'activation de la DAPk via sa déphosphorylation en absence de Nétrine-1.

D'autre part, la fonction de facteur de survie de la Nétrine-1 pour les cellules tumorales pulmonaires a été confirmée *in vivo* à l'aide d'un modèle de xénogreffe réalisé chez la souris *nude*. Nous avons réalisé deux séries de xénogreffes des lignées H358 (Nétrine-1 positive) et H460 (Nétrine-1 négative) chez la souris *nude* où nous avons comparé l'effet du peptide inhibiteur de la Nétrine-1 (DCC-5Fbn) avec du PBS ou bien l'effet du siRNA Nétrine-1 avec du siRNA Scramble. Nous avons observé que le peptide DCC-5Fbn tout comme le siRNA Nétrine-1 induisent une régression des tumeurs H358 (Nétrine-1 +++) et que cette régression est liée à l'apoptose des cellules tumorales (augmentation du marquage TUNEL sur des coupes de tumeurs H358 traitées ou contrôles). Au contraire, ni le siRNA Nétrine-1, ni le peptide DCC-5Fbn n'ont d'effet sur la croissance des tumeurs H460 (Nétrine-1 négative) et sur leur mortalité *in vivo*.

En conclusion, nous avons montré que la Nétrine-1 est surexprimée dans la plupart des cancers pulmonaires non-à-petites-cellules où elle joue le rôle de facteur de survie. Toutefois son taux d'expression n'a pu être corrélé avec l'aggressivité tumorale par l'analyse du grade et du type cellulaire tumoral. De manière intéressante, les hybridations *in situ* et les immunomarquages réalisés sur des coupes tumorales révèlent que la Nétrine-1 est transcrite dans les cellules épithéliales tumorales. Ces données suggèrent que les cellules tumorales produisent la Nétrine-1 de façon autocrine. Par ailleurs, les cancers du poumon se subdivisent en deux grandes catégories : les cancers du poumon à petites cellules qui sont traités par chimiothérapie et les cancers du poumon non-à petites-cellules qui sont généralement traités par chirurgie car ils répondent mal aux chimiothérapies. Ainsi, la caractérisation du rôle de facteur de survie de la Nétrine-1 pour les cellules tumorales de cancers pulmonaires non-à petites-cellules suggère que l'inhibition de la Nétrine-1 dans ces cancers pourrait être une nouvelle alternative thérapeutique.

Partie II : Caractérisation des mécanismes moléculaires régulant la signalisation des récepteurs UNC5H

En parallèle des études sur la tumorigenèse et sur le développement d'une thérapie ciblée contre les cancers surexprimant la Nétrine-1, je me suis intéressée à la signalisation apoptotique des récepteurs UNC5H. J'ai ainsi d'une part participé à la caractérisation du rôle de l'oligomérisation des récepteurs UNC5H et DCC dans la régulation de leur signalisation et d'autre part à l'identification de nouveaux effecteurs pro-apoptotiques de la signalisation des récepteurs UNC5H.

Article 4 : Mécanisme d'induction de la mort des cellules tumorales Nétrine-1 dépendante par le peptide DCC-5Fbn.

Interfering with multimerization of netrin-1 receptors triggers tumor cell death
Mille F., Llambi F., Guix C., Delloye-Bourgeois C., Guenebeaud C., Castro-Obregon S., Bredesen DE., Thibert C., Mehlen P., Cell Death & Differentiation 2009

Pour induire la mort cellulaire, les récepteurs de mort s'oligomérisent en présence de leur ligand via leur domaine de mort. D'autre part, leur activité pro-apoptotique peut être inhibée par des récepteurs leurres (Decoy Receptor) capables de titrer leur ligand (en particulier TRAIL).

Nous avons voulu savoir si les récepteurs à dépendance UNC5H et DCC suivaient le même schéma en présence de Nétrine-1 et si le peptide DCC-5Fbn était capable de titrer la Nétrine-1 à la manière des récepteurs leurres ou bien s'il interférait différemment avec la signalisation positive médiée par la Nétrine-1 via ses récepteurs à dépendance.

Les premières expériences réalisées ont été des expériences de co-immunoprécipitation sur des cellules HEK293T exprimant des constructions UNC5H2 ou DCC fusionnées avec des séquences tags protéiques différentes. Il a ainsi été montré que les récepteurs UNC5H2 et DCC étaient capables d'homodimérisation, phénomène renforcé par l'ajout dans le milieu de culture ou la transfection de Nétrine-1.

Afin d'étudier le rôle fonctionnel de cette dimérisation sur la signalisation induite par les récepteurs DCC et UNC5H2 nous avons mis en place un système de dimérisation artificiel. Des constructions des récepteurs UNC5H2 et DCC fusionnés avec le domaine de dimérisation artificiel Fv2e ont été réalisées, ces protéines fusions étant capables de se dimériser en présence de la molécule de synthèse AP20 formant un pontage chimique entre les domaines Fv2e. Nous avons co-transfecté dans des cellules HEK293T, traitées ou non avec la drogue AP-20, les constructions Fv2e-UNC5H2-HA et Fv2e-UNC5H2-Myc ou les constructions Fv2e-DCC-HA et Fv2e-DCC-Myc. Nous avons contrôlé par co-immunoprécipitation que la drogue AP-20 induisait bien une homodimérisation respective des récepteurs UNC5H2 et DCC et nous avons montré qu'elle était associée à la perte de la fonction apoptotique des récepteurs UNC5H2 et DCC.

Dans un deuxième temps, nous avons cherché à caractériser le mode d'action du peptide DCC-5Fbn ce dernier pouvant hypothétiquement restaurer l'apoptose des cellules tumorales surexprimant la Nétrine-1 via deux mécanismes : (i) l'inhibition de la fixation de la Nétrine-1 sur ses récepteurs UNC5H (le récepteur DCC n'étant pas exprimé dans les tumeurs et lignées tumorales analysées) ou bien (ii) l'inhibition du processus d'oligomérisation induit par la Nétrine-1.

Afin de savoir si le peptide DCC-5Fn était capable de lier la Nétrine-1 et de l'empêcher de se fixer sur ses récepteurs, nous avons dans un premier temps réalisé deux types de tests ELISA visant d'une part à vérifier que le peptide DCC-5Fbn interagissait directement avec la Nétrine-1 et d'autre part à voir si cette interaction était suffisante pour inhiber la fixation de la Nétrine-1 sur son récepteur DCC. Pour caractériser l'interaction entre la Nétrine-1 et le peptide, nous avons adsorbé dans les puits de plaque ELISA le peptide DCC-5Fbn (dose fixe) et nous avons ajouté de la Nétrine-1 recombinante à dose croissance. Après lavage, nous avons dosé la Nétrine-1 résiduelle présente dans chaque puits à l'aide d'un anticorps spécfique et nous avons réalisé la courbe de dissociation Nétrine-1/DCC-5Fbn qui nous a permis d'estimer la constante de dissociation de ce complexe à 5nM traduisant d'une forte affinité du DCC-5Fbn pour la Nétrine-1 (à titre comparatif, le Kd du couple Fas/FasL a été estimé à 7.4nM soit un ordre de grandeur similaire (Connolly et al., 2001)).

Le deuxième type de test ELISA que nous avons réalisé correspond à des ELISA de type « sandwich » visant à déterminer l'impact du peptide DCC-5Fbn sur une interaction pré-existante entre la Nétrine-1 et son récepteur DCC. Pour cela, nous avons adsorbé le domaine extracellulaire du récepteur DCC (DCC-EC-Fc) au fond des puits et nous avons pré-incubé de la Nétrine-1 dans ces puits (figure IV). Dans un deuxième temps, nous avons ajouté le peptide DCC-5Fbn soluble à des doses croissantes (figure IV) et après lavage nous avons dosé la quantité de Nétrine-1 résiduelle présente dans les puits. Nous n'avons pas observé de réduction du taux de Nétrine-1 fixée quelque soit la dose de peptide DCC-5Fbn ajoutée. Ainsi, bien que le peptide DCC-5Fbn soit capable de lier la Nétrine-1, il n'est pas capable de perturber l'interaction pré-existante entre la Nétrine-1 et le récepteur DCC.

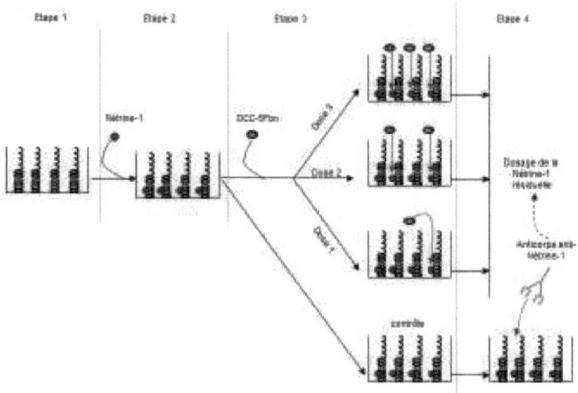

Figure IV. Schéma des ELISA sandwich comparant l'affinité du domaine extracellulaire de DCC et du peptide DCC-5Fbn avec la Nétrine-1.
Cette expérience consiste à adsorber au fond des puits le peptide DCC-Fbn (étape 1) correspondant au domaine extracellulaire du récepteur DCC. Ensuite, de la Nétrine-1 à dose fixe (étape 2) puis du DCC-5Fbn à dose variable (étape 3) sont ajoutés successivement dans ces puits. Après lavage, la quantité de Nétrine-1 résiduelle est dosée (étape 4) dans les puits par l'utilisation d'un anticorps primaire anti-Nétrine-1 (témoins pour la condition contrôle).

Nous avons donc cherché à savoir si l'induction de la mort cellulaire induite par le DCC-5Fbn sur des cellules Nétrine-1 dépendante était due à une inhibition de l'oligomérisation des récepteurs DCC ou UNC5H2. Pour cela, nous avons réalisé des expériences de co-immunoprécipitation qui nous ont permis de montrer que l'oligomérisation des récepteurs DCC observée en présence de Nétrine-1 était inhibée par le peptide DCC-5Fbn sur des cellules HEK293T.

En conclusion, nous avons montré que l'oligomérisation des récepteurs UNC5H2 et DCC observée en présence de Nétrine-1 était suffisante pour inhiber leur fonction pro-apoptotique *in vitro*. En outre, l'analyse de l'interaction du peptide DCC-5Fbn avec la Nétrine-1 ou avec le complexe Nétrine-1/DCC a permis de mettre en évidence le mécanisme d'action potentiel du peptide DCC-5Fbn pour induire la mort des cellules Nétrine-1 dépendante. En effet, il semble que le peptide soit capable d'induire la mort cellulaire non pas en titrant la Nétrine-1 et en inhibant sa fixation sur son récepteur DCC mais en inhibant l'oligomérisation du récepteur DCC indispensable à la survie cellulaire. Toutefois, dans les tumeurs mammaires et pulmonaires, il a été montré que l'expression du récepteur DCC est perdue et que la fonction de facteur de survie de la Nétrine-1 sur des lignées tumorales dérivées de ces deux tissus était médié par les récepteurs UNC5H. Ainsi, le mode d'induction de l'apoptose du peptide DCC-5Fbn sur les cellules tumorales exprimant fortement comme facteur de survie la Nétrine-1 reste à élucider. Néanmoins, cette étude révèle également de manière intéressante que le processus d'oligomérisation du récepteur UNC5H2 en présence de Nétrine-1 est un évènement suffisant pour inhiber l'apoptose induite par le récepteur UNC5H2, ce processus constituant ainsi une cible thérapeutique potentielle pour le développement de thérapie contre les cancers à surexpression de Nétrine-1.

Au cours de ma thèse, je me suis également intéressée à la signalisation pro-apoptotique des récepteurs UNC5H. Mon objectif était de découvrir de nouveaux acteurs de ces voies en utilisant une approche fonctionnelle d'ARN interférence. Ce travail a permis la réalisation d'un article dans lequel je suis premier auteur, actuellement soumis à *Molecular Cell* et présenté ici sous forme de résumé avec l'article joint.

Article 5 : La déphosphorylation de la DAP Kinase nécessaire à l'induction de l'apoptose par le récepteur UNC5H2 est médiée par la protéine phosphatase PP2A

The dependence receptor UNC5H2 triggers apoptosis via PP2A-mediated dephosphorylation of DAP kinase

Guenebeaud C., Castets M., Guix C., Delloye-Bourgeois C., Eisenberg-Lerner A., Shohat G., Zhang M. , Kimchi A., Bernet A., Mehlen P. 2010 (soumis)

Dans l'objectif d'identifier de nouveaux partenaires apoptotiques de la voie UNC5H, j'ai tout d'abord cherché un système inductible pour les voies de signalisation pro-apoptotique UNC5H. J'ai ainsi identifié la lignée tumorale mammaire humaine Cal51 comme une lignée exprimant la Nétrine-1 et les récepteurs UNC5H1-3 (l'expression du récepteur DCC étant perdue dans cette lignée) et dont la mort pouvait être induite par un traitement avec le peptide DCC-5Fbn *in vitro*.

Après avoir infecté cette lignée avec une banque de lentivirus capable de cibler 8500 gènes humains par shRNA, j'ai sélectionné les cellules où un effecteur essentiel des voies pro-apoptotiques UNC5H était inhibé par ARN interférence, par traitement avec le peptide DCC-5Fbn. Actuellement, les shRNA exprimés par 47 des clones résistants obtenus ont été analysés par RT-PCR et séquençage afin d'identifier les acteurs potentiellement impliqués dans les voies de signalisation apoptotiques médiées par les récepteurs UNC5H.

Parmi ces candidats, je me suis concentrée sur un effecteur retrouvé deux fois (grâce à deux séquences shRNA différentes présentes dans la banque lentivirale) : PR65ß, sous-unité de la protéine phosphatase PP2A (*Protein Phosphatase 2A*) décrite pour être potentiellement impliquée dans la déphosphorylation nécessaire à l'activation de la DAPk effecteur connu de la voie de signalisation apoptotique du récepteur UNC5H2 (Llambi et al., 2005). En effet, le groupe d'Adi Kimchi avait récemment montré que la déphosphorylation de la DAPk pouvait être inhibée *in vitro* par un inhibiteur des phosphatases (l'acide okadaïque) (Gozuacik et al., 2008).

Nous avons donc cherché à vérifier que le complexe PP2A/PR65β était impliqué dans l'apoptose induite par le récepteur UNC5H2 en stimulant la déphosphorylation de la DAPk. Tout d'abord, nous avons montré que l'inhibition de PR65β était suffisante pour inhiber l'apoptose induite par les récepteurs UNC5H1 et UNC5H2 mais que cette inhibition n'avait aucune influence sur la mort induite par le récepteur Patched (un autre récepteur à dépendance n'ayant pas de lien connu avec PP2A ou la DAPk) dans des cellules HEK293T. Nous avons également montré que l'inhibition de PR65β (par siRNA) ou de PP2A (acide okadaïque) était suffisante pour bloquer la déphosphorylation de la DAPk observée au cours de l'apoptose médiée par le récepteur UNC5H2 et décrite précédemment au laboratoire comme essentielle d'une part à l'activation de la DAPk et d'autre part à l'induction de l'apoptose par le récepteur UNC5H2 (Llambi et al., 2005).

Dans un deuxième temps, nous avons cherché à savoir si la DAPk, UNC5H2 et PR65β étaient capables de former un complexe en condition apoptotique c'est-à-dire en absence de Nétrine-1. Un premier argument est que la DAPk et PR65β colocalisent dans les rafts. Par ailleurs, au laboratoire, il avait été montré que la DAPk et UNC5H2 interagissaient constitutivement (c'est-à-dire en absence ou en présence de Nétrine-1) (Llambi et al., 2005). Par des expériences de gel filtration sur des lysats de cellules HEK293T transfectées avec UNC5H2 et la DAPk, nous avons montré que PR65β est spécifiquement recruté par ce complexe en absence de Nétrine-1. De plus, nous nous sommes demandés si la conformation du domaine intracellulaire du récepteur UNC5H2 était impliquée dans ce recrutement. En effet, il a été récemment montré par l'équipe Zhang que le domaine intracellulaire du récepteur UNC5H2 est capable d'adopter (i) une conformation anti-apoptotique où la formation d'un supramodule masque le domaine de mort (domaine principalement impliqué dans la fonction apoptotique du récepteur UNC5H2), phénomène qui serait à l'origine d'une inhibition du recrutement des effecteurs pro-apoptotiques d'UNC5H2. Le domaine intracellulaire serait aussi capable d'adopter en absence de Nétrine-1 (ii) une conformation pro-apoptotique

126

dépourvue de ce supramodule, exposant ainsi le domaine de mort et permettant l'induction de l'apoptose en permettant le recrutement de partenaires pro-apoptotiques. L'équipe de Zhang a généré des mutants d'UNC5H2 mimant ces deux conformations : le mutant pro-apoptotique UNC5H2-V619Q et le mutant non-apoptotique UNC5H2-K932E (Wang et al., 2009a). Les gels filtrations utilisants ces mutants ont montré que PR65β était spécifiquement recruté dans un complexe contenant le mutant conformationnel pro-apoptotique confirmant l'hypothèse selon laquelle la modification conformationnelle du domaine intracellulaire du récepteur UNC5H2 est bien à l'origine de la modulation du recrutement des partenaires pro-apoptotiques.

Par ailleurs, nous avons montré que PR65β était capable d'interagir avec le récepteur UNC5H2 dans des cellules HEK293T transfectées mais aussi *in vivo* dans le cerveau de souris OF1.

D'autre part, nous nous sommes demandés si la protéine CIP2A (*Cancerous inhibiteur of PP2A*), identifiée récemment comme un inhibiteur de PP2A interagissant avec la sous-unité PR65 et capable de bloquer la déphosphorylation de la protéine c-Myc normalement médiée par PP2A était capable de moduler la déphosphorylation de la DAPk (Junttila et al., 2007b; Junttila and Westermarck, 2008; Khanna et al., 2009).

Nous avons montré dans des cellules HEK293T que CIP2A est capable d'interagir spécifiquement avec le récepteur UNC5H2 en présence de Nétrine-1 mais est également capable d'inhiber la mort induite par ce récepteur. En effet, la surexpression de CIP2A est suffisante à inhiber l'apoptose induite par UNC5H2. A l'inverse, nous avons montré que l'inhibition de CIP2A par siRNA potentialise l'apoptose induite par UNC5H2, phénomène directement lié à une déphosphorylation accrue de la DAPk. Ces éléments semblent donc indiquer que la déphosphorylation de la DAPk au cours de l'apoptose induite par UNC5H2 est modulée par le recrutement de PP2A selon un mécanisme dépendant de la conformation du domaine intracellulaire du récepteur UNC5H2 et d'autre part par l'effet inhibiteur de CIP2A en présence de Nétrine-1 sur la déphosphorylation de la DAPk.

Dans un troisième temps, nous avons voulu vérifier le rôle de PR65ß/PP2A dans la signalisation pro-apoptotique du récepteur UNC5H2 *in vivo*. Récemment, il a été montré que la Nétrine-1 était un facteur pro-angiogénique et que son effet était médié par le récepteur UNC5H2 (Castets et al., 2009). Chez des embryons zebrafishs *fli :egfp* (exprimant la GFP dans l'ensemble de leurs cellules vasculaires), l'injection d'un morpholino inhibiteur de la Nétrine-1a endogène induit des défauts de formation des vaisseaux intersegmentaires. Ce phénotype étant réversé par l'injection d'un morpholino PR65ß. Ceci suggère que PP2A/PR65ß serait impliqué dans la régulation de la survie des cellules endothéliales via la voie de signalisation médiée par le complexe UNC5H2/PR65ß/DAPk *in vivo*.

En conclusion, nous avons identifié de nouveaux effecteurs potentiels des voies de signalisation apoptotiques médiées par les récepteurs UNC5H et nous avons mis en évidence PR65β comme un partenaire essentiel de l'apoptose induite par le récepteur UNC5H2 *in vitro* et *in vivo*. Nous avons montré que PR65β était spécifiquement recruté par le complexe UNC5H2/DAPk en absence de Nétrine-1 et que ce recrutement était dépendant de la conformation du récepteur UNC5H2. Nous avons également montré que PP2A/PR65β était responsable de la déphosphorylation de la DAPk en absence de Nétrine-1 et nous avons proposé un double mécanisme pour expliquer que malgré une interaction constitutive d'UNC5H2 et de la DAPk, la DAPk n'est déphosphorylée et activée qu'en absence de Nétrine-1. En effet, nos résultats montrent d'une part que le recrutement du complexe PP2A/PR65β est dépendant de la conformation du domaine intracellulaire du récepteur UNC5H2 et d'autre part que l'association de CIP2A avec le récepteur UNC5H2 en présence de Nétrine-1 est à l'origine d'une inhibition de la désphosphorylation de la DAPk par PP2A.

Discussion

Les récepteurs à dépendance constituent une nouvelle famille de récepteurs présentant une double signalisation : positive en présence de ligand -ces récepteurs confèrent à la cellule des signaux de migration, guidage, prolifération voir d'adhésion- ; et négative en absence de ligand –ils induisent la mort cellulaire par apoptose-. Ils ont été décrits pour avoir un rôle au cours du développement de certains organes, et leur expression demeurant chez l'adulte dans la plupart des tissus, ils ont été décrits comme des systèmes de sauvegarde, leur fonction apoptotique leur conférant un rôle suppresseur de tumeurs.

Nous nous sommes intéressés plus particulièrement aux récepteurs à dépendance UNC5H1-3 et DCC ayant pour ligand commun la Nétrine-1. Ces récepteurs initialement décrits pour être impliqués dans le guidage axonal et la migration neuronale au cours du développement ont plus récemment été décrits comme des suppresseurs de tumeurs dans le système digestif, leur perte de fonction pro-apoptotique étant associée à la tumorigenèse.

De part la fonction particulière des récepteurs à dépendance, la perte de leur fonction pro-apoptotique peut être liée à trois types de dérégulations différentes : (i) la perte d'expression ou de fonction du récepteur lui même, (ii) l'inactivation de la signalisation intracellulaire pro-apoptotique induite par les récepteurs ou bien encore (iii) l'expression en excès du ligand (pour revue voir Annexe I (Mehlen and Guenebeaud, 2009).

1. La perte d'expression ou l'inactivation des récepteurs UNC5H et DCC est associée à la tumorigenèse.

La perte d'expression du récepteur DCC (*Deleted in Colorectal Carcinoma*) a initialement été mise en évidence dans les cancers colorectaux puisque 70% des cancers colorectaux montrent une perte de ce récepteur par LOH. Malgré quelques controverses indiquant que d'autres gènes suppresseurs de tumeurs présents dans les régions chromosomiques soumises à ces LOH puissent être impliqués dans les phénomènes de tumorigenèse, la perte de DCC semble bien être un avantage sélectif acquis par les cellules tumorales puisque que l'expression de DCC est effectivement absente dans la plupart des cancers et des lignées cellulaires dérivées.

La perte d'expression des autres récepteurs à la Nétrine-1 a été plus récemment montrée dans les cancers colorectaux. En effet, plusieurs études menées au laboratoire montrent qu'une perte d'expression des récepteurs UNC5H et, en particulier, que la perte du récepteur UNC5H3 par hyperméthylation du promoteur est associée à la tumorigenèse colorectale (Bernet et al., 2007; Thiebault et al., 2003). De plus, des mutations inhibant la fonction apoptotique du récepteur UNC5H3 ont été retrouvées dans les formes familiales de cancers colorectaux (Coissieux et al, en préparation). Par ailleurs, dans des modèles murins, il a été montré que la perte de fonction du récepteur UNC5H3 était un élément favorisant la progression tumorale (Bernet et al., 2007). Ainsi, la perte de la fonction apoptotique de ces récepteurs à la nétrine-1 pourrait constituer un avantage sélectif contribuant à l'échappement tumoral.

2. *Perte de fonction des effecteurs de la signalisation apoptotique des récepteurs à la Nétrine-1.*

Actuellement, la signalisation pro-apoptotique des récepteurs à dépendance ayant pour ligand la Nétrine-1 est peu connue. En effet, seules les protéines NRAGE (*Neurotrophin Receptor p75 interaction MAGE homolog*) et la DAPk (*Death Associated Protein kinase*) ont été décrites respectivement comme des protéines effectrices de la signalisation pro-apoptotique des récepteurs UNC5H1 et UNC5H2 (Llambi et al., 2005; Williams et al., 2003a). Ces deux partenaires ont été mis en évidence de façon différente : l'identification de NRAGE a été réalisée grâce à un crible double-hybride utilisant le domaine intracellulaire des récepteurs UNC5H, et l'identification de la DAPk est issue de la recherche d'homologie entre le domaine de mort des récepteurs UNC5H avec d'autres protéines possédant un domaine de mort puisque ces domaines sont connus pour interagir de manière homotypique.

De manière intéressante, la perte de fonction de ces deux effecteurs est également associée à la tumorigenèse renforçant l'hypothèse selon laquelle la fonction apoptotique des récepteurs UNC5H est à l'origine d'une fonction de suppresseur de tumeur. Ainsi, il a été montré que l'expression de la DAPk était perdue dans plus de 60% des cancers colorectaux, ou bien encore des mélanomes (Hoon et al., 2004; Mittag et al., 2006; Pulling et al., 2009). De manière intéressante, il a été montré que la perte d'expression de la DAPk était également corrélée à la progression tumorale dans le colon. En effet, alors que 60% des néoplasies colorectales présentent une perte de la DAPk par méthylation de son promoteur, cette proportion passe à 81.2% dans les formes les plus avancées que sont les carcinomes colorectaux (Mittag et al., 2006). Ainsi, la perte de la DAPk pourrait constituer un élément important pour la progression tumorale. En outre, bien qu'il n'existe pour l'instant pas d'étude décrivant la perte de fonction de NRAGE dans les cancers, sa perte de fonction pourrait être associée à une augmentation de l'agressivité tumorale dans les mélanomes et les cancers pancréatiques de manière indirecte. En effet, il a été montré *in vitro* et *in vivo* sur des lignées tumorales dérivées de ces deux cancers que l'inhibition de NRAGE entraînait une activation de la Métalloprotéase 2 (MMP-2) à l'origine d'un pouvoir invasif accru des cellules tumorales (Chu et al., 2007).

Afin d'identifier de nouveaux effecteurs pro-apoptotiques des voies de signalisation induites par les récepteurs UNC5H en absence de Nétrine-1, nous avons réalisé un crible d'ARN interférence (siARN) dans la lignée tumorale humaine mammaire Cal51 où les récepteurs UNC5H1, UNC5H2 et UNC5H3 sont exprimés contrairement au récepteur DCC. Les résultats obtenus sont présentés en Annexe II. Les protéines identifiées peuvent être groupées selon leurs fonctions. En effet on trouve des protéines kinases et phosphatases, des protéines effectrices de l'apoptose, des régulateurs de la transcription et de la traduction, des transporteurs intracellulaires ou bien encore des récepteurs transmembranaires. De manière surprenante, la DAPk ou bien encore la protéine NRAGE n'ont pas été identifiées alors qu'elles appartenaient bien à la liste des 8500 gènes ciblés par la banque lentivirale utilisée porteuse des siARN. Deux hypothèses peuvent permettre de répondre à cela : (i) d'une part la totalité des clones obtenus après le crible n'a pas encore été analysée ; (ii) d'autre part, il est possible que ces protéines aient également un rôle fondamental pour la survie cellulaire et que leur délétion ait conduit à la mort des clones en question.

Parmi les protéines identifiées et en fonction des données de la littérature, 8 protéines sont des protéines pro-apoptotiques, 7 sont décrites plutôt comme étant anti-apoptotiques et 2 semblent intervenir dans les deux processus ; les autres protéines n'ayant pas de rôle connu dans l'apoptose (voir Annexe II). La présence de protéines à fonction plutôt anti-apoptotique au sein du crible est surprenante. Toutefois, l'analyse des séquences siRNA obtenues après le crible révèle que certains siRNA ne sont pas vraiment spécifiques de leur gène cible. Par exemple le siRNA ciblant MTCP1 (*mature T cell proliferation 1*) présente 60% d'identités de séquence (résultat obtenu grâce à nBLAST) avec le gène codant PLAG2 (*Pleimorphic Adenoma Gene like 2*). L'ensemble des gènes potentiellement ciblés de part une forte homologie avec les siRNA (supérieure à 60%) comme PLAG2 par d'autres siRNA est indiqué en annexe III.

Cependant, le manque de spécificité de certains siRNA peut être compensé par le fait que dans la banque lentivirale utilisée chaque gène est ciblé par 3 siRNA de séquences différentes, permettant de retrouver plusieurs fois, avec plusieurs séquences, un gène qui s'avère être un bon candidat. Ainsi, les effecteurs PR65β, EMR1 (*EGF like module containing mucin like hormon receptor-like 1*) et PLAG2 (de part sa reconnaissance partielle par le siRNA MTCP1) ont été identifiés deux fois grâce à deux séquences siRNA différentes.

Nous nous sommes donc focalisés sur l'un de ces effecteurs retrouvés plusieurs fois, la protéine PR65β, une sous-unité associatrice du complexe PP2A et cela pour deux raisons : (i) cette sous-unité est impliquée dans l'apoptose et (ii) une étude récente avait montré que l'activité de la DAPk était effectivement modulée par une phosphatase dont la nature n'avait pas été identifiée (Gozuacik et al., 2008; Mumby, 2007).

Tout d'abord, nous avons vérifié que l'inhibition de PR65β était bien un élément suffisant à l'inhibition de la mort cellulaire induite par la privation de Nétrine-1 sur les cellules Cal51, puis, nous nous sommes employés à caractériser le rôle de PR65β dans la signalisation apoptotique médiée par UNC5H2 et la DAPk en absence de Nétrine-1.

Les résultats obtenus ont permis de montrer que PR65β, est indispensable à l'apoptose induite par le récepteur UNC5H2 via la déphosphorylation de la DAPk par le complexe PP2A. Par ailleurs, il a été montré au laboratoire que le récepteur UNC5H2 et la DAPk étaient capables d'interagir de manière constitutive et qu'en absence de Nétrine-1, ce complexe était transloqué dans les rafts, ce changement de localisation étant à l'origine de l'activation de la DAPk via sa déphosphorylation et de l'induction de l'apoptose sans qu'aucun mécanisme moléculaire sous jacent n'ait été identifié (Llambi et al., 2005; Maisse et al., 2008).

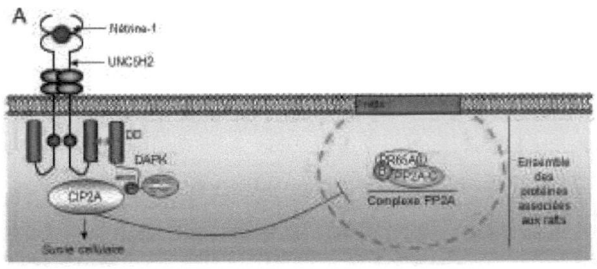

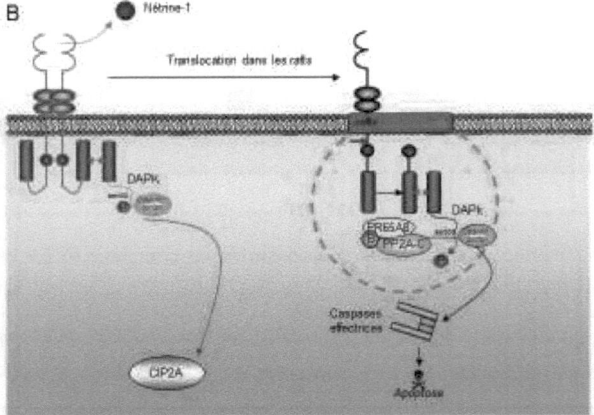

Figure 31 : Modèle d'implication du complexe PR65β/PP2A et de CIP2A dans la signalisation induite par le récepteur UNC5H2

A. De manière constitutive, les récepteurs UNC5H2 interagissent avec la DAPk et se complexe et localisé, en présence de Nétrine-1, au niveau des radeaux lipidiques (rafts). De plus, CIP2A interagit avec ce complexe en présence de Nétrine-1 et maintiendrait la phosphorylation de la DAPk en inhibant PR65β/PP2A. B. En absence de Nétrine-1, le changement de conformation du domaine intracellulaire du récepteur UNC5H2, induirait un détachement de CIP2A, et une translocation du complexe UNC5H2/DAPk dans les rafts. A ce niveau, le complexe résident PP2A, composé d'une sous-unité catalytique (C), d'une sous-unité régulatrice (B) et de la sous-unité associatrice PR65Aβ identifiée par le crible déphosphoryerait la DAPk, conduisant ainsi à son activation et à l'induction de l'apoptose.

Nous avons montré que PR65β était recruté spécifiquement par le complexe DAPk/UNC5H2 en absence de Nétrine-1 et que ce recrutement était dépendant de la conformation du domaine intracellulaire du récepteur UNC5H2 (figure 31). En effet, il a été montré par l'équipe Zhang que le domaine intracellulaire du récepteur UNC5H2 était capable d'adopter en absence de Nétrine-1 une conformation non-apoptotique masquant le domaine de mort grâce à une structuration en « supramodule » inhibant ainsi l'apoptose induite par le récepteur UNC5H2 (Wang et al., 2009a), ceci pouvant être expliqué par un encombrement important empêchant le recrutement de PP2A (figure 31A). En absence de Nétrine-1, ce supramodule disparaîtrait, libérant le domaine apoptotique -cela tout en permettant la monomérisation du récepteur- et permettant aisément le recrutement d'autres protéines intracellulaires comme PP2A (figure 31B).

Par ailleurs, les données de la littérature nous ont permis de nous intéresser à la protéine CIP2A (*Cancerous Inhibitor of PP2A*) décrite pour avoir une fonction inhibitrice de PP2A (Junttila et al., 2007b). La protéine CIP2A a été caractérisée comme une protéine surexprimée dans de nombreuses lignées cellulaires cancéreuses et proposée comme un oncogène de part son rôle dans la stabilisation de c-Myc via l'inhibition de PP2A. Nous avons montré que la protéine CIP2A était à l'origine d'un second mécanisme participant au maintien de l'autophosphorylation inhibitrice de la DAPk en présence de Nétrine-1. En effet, CIP2A est capable d'une part d'interagir avec le récepteur UNC5H2 en présence de Nétrine-1, et d'autre part d'inhiber l'apoptose induite par le récepteur UNC5H2 en absence de Nétrine-1 en participant au maintien de l'autophosphorylation de la DAPk (figure 31). La protéine CIP2A a été caractérisée comme une protéine surexprimée dans de nombreuses lignées cellulaires cancéreuses et proposée comme un oncogène de part son rôle sur la stabilisation de c-Myc via l'inhibition de PP2A. Une hypothèse pourrait être que CIP2A empêche la mort induite par UNC5H2 en agissant comme un régulateur de PP2A, faisant de cette protéine un autre élément du complexe, cible potentielle du processus tumoral.

Enfin, nous avons également montré que PR65β était indispensable à la fonction du récepteur UNC5H2 *in vivo*, en particulier dans la médiation du rôle pro-angiogénique de la Nétrine-1 dans la mise en place des vaisseaux intersegmentaires chez le zebrafish. En effet, des travaux menés au laboratoire et par d'autres groupes ont montré que la Nétrine-1 était un facteur pro-angiogénique, capable de stimuler la prolifération et la survie des cellules endothéliales en inhibant la voie de signalisation apoptotique médiée par le récepteur UNC5H2 et la DAPk *in vitro* et *in vivo* (Castets M., 2009; Navankasattusas et al., 2008; Nguyen and Cai, 2006; Yang et al., 2007b). Nous avons pu mettre en évidence que PR65β est un acteur indispensable à l'apoptose des cellules endothéliales induite par UNC5H2 lors du retrait de la Nétrine-1.

Etant donné l'importance du récepteur UNC5H2 dans différents processus du développement, nous nous sommes tout d'abord focalisés sur l'interaction PP2A/DAPk et ce récepteur. Cependant, rien n'exclu une interaction de PP2A/DAPk avec les récepteurs UNC5H1 et UNC5H3, les autres récepteurs à la Nétrine-1 comme DCC ou Néogénine, voir les autres récepteurs à dépendance. En effet, il a été montré que les récepteurs UNC5H1 et UNC5H3 étaient également capables d'interagir avec la DAPk (Llambi et al., 2005). Bien qu'aucune relation fonctionnelle n'ait pour l'instant été établie entre cette interaction et la signalisation apoptotique induite par les récepteurs UNC5H1 et UNC5H3, nous nous sommes demandés si PR65β était impliqué dans les voies de signalisation pro-apoptotiques induites par ces deux récepteurs. Nous avons pour cela utilisé deux modèles cellulaires (lignée pulmonaire H358 et lignée de neuroblastome IMR32) dans lesquels il a été montré que la privation de Nétrine-1 par siRNA entraînait spécifiquement l'activation conjointe des voies de signalisation apoptotiques médiées par les récepteurs UNC5H1 et UNC5H2 (lignée H358) ou UNC5H1 et UNC5H3 (lignée IMR32). Nous avons ainsi montré que le complexe PR65β/PP2A est potentiellement impliqué dans la voie de signalisation apoptotique induite par les récepteurs UNC5H1 et UNC5H3 car l'inhibition de PR65β par siRNA ou l'inhibition de PP2A par l'acide okadaïque sont suffisants pour bloquer l'apoptose induite par la privation de Nétrine-1 dans ces deux lignées cellulaires (figure 32A et B).

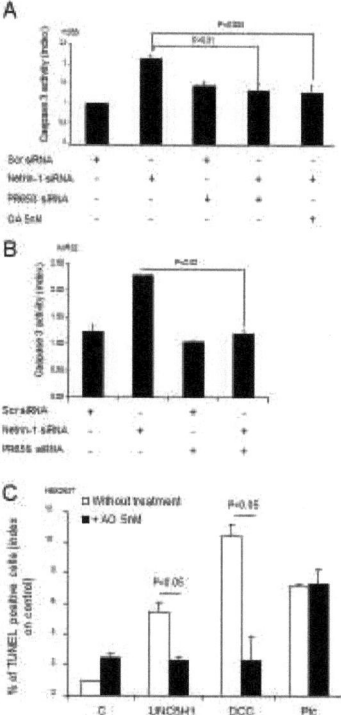

Figure 32 : le complexe PP2A/PR65β est important à l'induction de l'apoptose induite par UNC5H1, UNC5H3 et DCC.

A-C L'inhibition de PP2A par l'acide okadaïque ou plus spécifiquement par le siRNA PR65β est suffisante à inhiber l'apoptose induite par les récepteurs à dépendance UNC5H1, UNC5H3 et DCC. A-B La quantification de l'activité caspase-3 dans les cellules H9.5S (VS DH2.52) où seules les voies de signalisation apoptogiques médiées par UNC5H1 et UNC5H3 (VS UNC5H1 et UNC5H3) sont fonctionnelles montre que l'inhibition de PR65β par siRNA ou de l'activité phosphatase par l'acide okadaïque est suffisante à inhiber l'apoptose induite par la privation de Nétrine-1 par siRNA. C. Quantification d'un marquage TUNEL révélant que l'apoptose induite par la surexpression du récepteur UNC5H1 et DCC est spécifiquement réduite par l'inhibition des phosphatases par l'acide okadaïque. Les valeurs P indiquées ont été calculés par U-test (test statistique Mann-Whitney).

De plus, l'implication de PR65β/PP2A dans la voie de signalisation apoptotique du récepteur UNC5H1 a été confirmée puisque l'inhibition de PP2A par l'acide okadaïque est suffisante pour bloquer l'apoptose induite par la surexpression du récepteur UNC5H1 (transfection) dans des cellules HEK293T (figure 32C) et l'implication de PR65β dans cette mort cellulaire a également pu être mise en évidence (Guenebeaud et al, soumis). En revanche, l'implication du complexe PR65β/PP2A dans la voie de signalisation apoptotique du récepteur UNC5H3 reste à confirmer.

Par ailleurs, nous avons montré que l'inhibition de PP2A par l'acide okadaïque était également responsable de l'inhibition de l'apoptose induite par le récepteur DCC exprimé de manière transitoire dans des cellules HEK293T mais pas de l'apoptose induite par le récepteur à dépendance Patched (figure 32). Il semble donc que si la participation de PP2A n'est pas un phénomène commun à l'ensemble des récepteurs à dépendance, il peut être présent dans la signalisation des récepteurs à dépendance fixant la Nétrine-1. Cependant, il a été clairement montré que DCC n'interagissait pas avec la DAPk (contrairement à son homologue Néogénine, un autre récepteur à dépendance)(Fujita et al., 2008), suggérant qu'il existe deux mécanismes pro-apoptotiques différents mais non-exclusifs impliquant PP2A dans l'apoptose : un mécanisme DAPk-dépendant (figure 33) ou un mécanisme DAPk indépendant (figure 34), chacun pouvant potentiellement passer par des voies sous-jacentes encore différentes rejoignant éventuellement les voies classiques d'apoptose intrinsèque et extrinsèque (Guenebeaud et al, soumis).

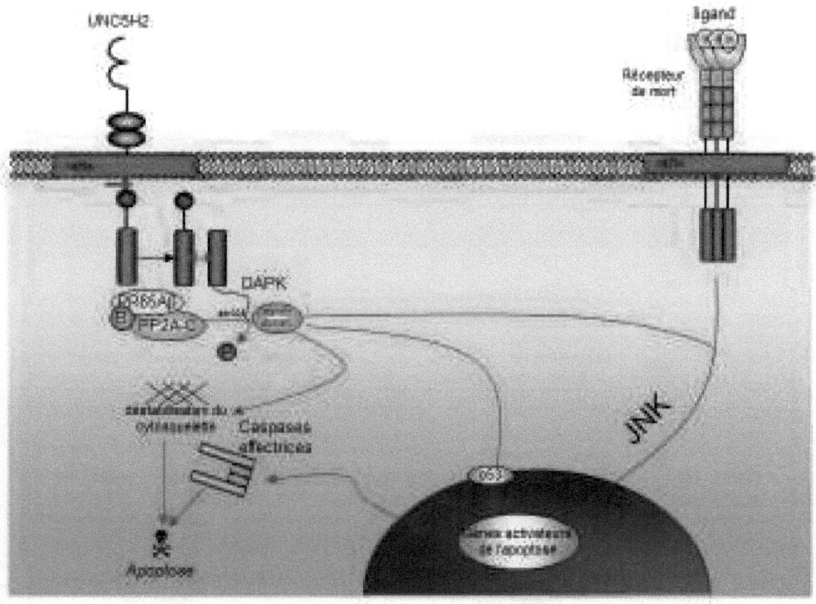

Figure 33 : Modèle de l'apoptose DAPk dépendante induite par UNC5H2

En absence de Nétrine-1, le récepteur UNC5H2 forme un complexe avec la DAPk et PR65β/PP2A qui permet la déphosphorylation et l'activation de la DAPk et l'induction de l'apoptose de manière DAPk dépendante. En effet, une fois activée la DAPk induit les voies JNK et p53 conduisant ainsi à la transcription de gènes activateurs de l'apoptose. La DAPk via son activité kinase serait également capable d'induire une déstabilisation du cytosquelette qui contribuerait également à l'apoptose. Sur ce schéma, la connexion entre la voie apoptotique UNC5H2 et la voie des récepteurs de mort via la voie JNK a été mise en évidence par une flèche bleue.

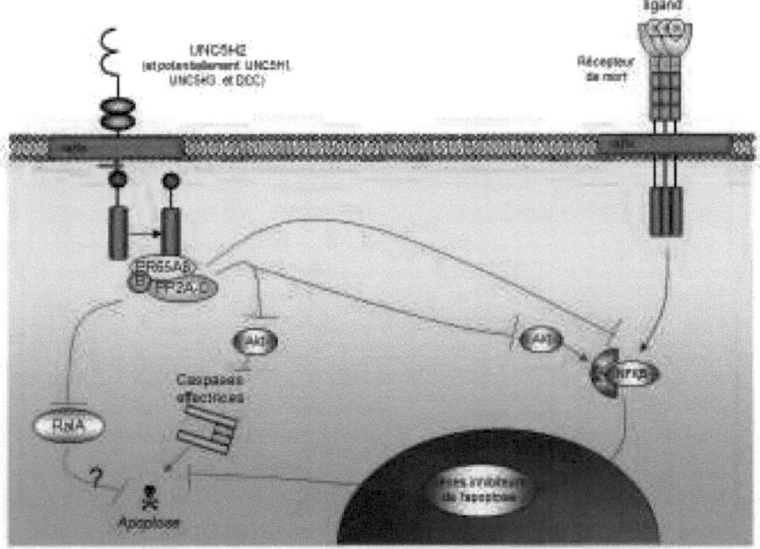

Figure 34 : Modèle de l'apoptose DAPk indépendante induite par les récepteurs à dépendance à Nétrine-1 (UNC5H et DCC)

En absence de Nétrine-1, les récepteurs isolent capables de Caspase avec PR65β/PP2A et d'induire l'apoptose via un mécanisme DAPk indépendant passant par l'inhibition de deux protéines régulatrices communes à la voie des récepteurs de mort : Akt et NFKB, ici représentées en bleu. Un troisième mécanisme d'induction de l'apoptose induite par le complexe PR65β/PP2A est lié à l'inhibition de la rhoGTPase RalA mais le mécanisme par lequel cette protéine inhibe l'apoptose n'est pas connu.

En effet, il est intéressant de noter qu'une activité « PP2A-like » a été décrite pour être impliquée dans la modulation de l'apoptose en régulant la formation du DISC (voie extrinsèque) et la voie intrinsèque en particulier via la modulation de l'activité de Bcl-2 et Bax (voie intrinsèque) ainsi que dans la modulation de la déphosphorylation de la DAPk dans le stress induit par le réticulum endoplasmique, PP2A n'ayant pu être catégoriquement identifiée dans ces études de part l'utilisation d'inhibiteurs peu spécifiques des phosphatases (Chatfield and Eastman, 2004; Gozuacik et al., 2008). Plus spécifiquement PP2A/PR65β a été impliqué dans 3 trois mécanismes majeurs en lien avec la régulation des voies classiques de l'apoptose : (i) l'inhibition du facteur de transcription NFκB, (ii) l'inhibition de la protéine kinase Akt, (iii) et potentiellement avec l'inhibition de la rhoGTPase RalA (figure 34)(cf Chap 1, IV D.2 p21). En effet, dans ce dernier cas, l'activité de la RhoGTPase RalA a été associée à la survie et à la transformation tumorale mais à l'inverse, il n'existe pas d'évidence directe que l'inhibition de RalA conduit à l'apoptose.

Jusqu'à présent, les voies apoptotiques induites par les récepteurs à dépendance étaient considérées comme à part, par rapport à la signalisation des récepteurs de mort, notamment à cause du fait que la signalisation apoptotique du premier récepteur à dépendance caractérisé, DCC, implique la caspase 9 mais n'implique pas l'un des complexes pro-apoptotique majeur : l'apoptosome (Mehlen et al., 1998). Notre étude révèle pour la première fois grâce à la mise en évidence de PP2A, qu'il existe une connexion entre la voie de signalisation apoptotique du récepteur UNC5H2 et les voies d'apoptose « classiques » (figure 33 et 34), les résultats impliquant PP2A/PR65β dans la signalisation apoptotique des récepteurs UNC5H1, UNC5H3 et DCC (figure 32) suggérant que l'ensemble des voies de signalisation des récepteurs à dépendance ayant pour ligand la Nétrine-1 puisse également présenter cette connexion (figure 34).

Il est intéressant de constater que la perte de fonction du partenaire trouvé lors du crible, PR65β, et du complexe PP2A, a été observée dans de nombreux cancers tels que les cancers du sein, les cancers de l'ovaire et les cancers thyroïdiens (Chou et al., 2007; Esplin et al., 2006; Hemmer et al., 2002; Tamaki et al., 2004; Wang et al., 1998; Yeh et al., 2007). Deux types de perte de fonctions principales ont été identifiés dans ces cancers : (i) d'une part des mutations ponctuelles qui sont dans certains cas à l'origine d'une dissociation de PR65β et de la sous-unité catalytique du complexe PP2A, et (ii) d'autre part une surexpression de la protéine inhibitrice de PP2A via sa fixation sur PR65 : CIP2A (Junttila et al., 2007b; Junttila and Westermarck, 2008; Sablina et al., 2007). Ainsi, nous avons mis en évidence deux nouveaux effecteurs, PR65β et CIP2A, impliqués dans la voie de signalisation apoptotique du récepteur UNC5H2 et potentiellement impliqués dans la voie de signalisation des autres récepteurs à dépendance à la Nétrine-1, et dont la perte de fonction (PR65β) ou le gain de fonction (CIP2A), pourraient entraîner une inhibition de l'apoptose induite par les récepteurs UNC5H et DCC. Ainsi, PR65β et CIP2A sont potentiellement deux nouvelles protéines impliquées dans l'activité suppresseur de tumeur des récepteurs UNC5H et DCC.

De manière intéressante, le crible a permis d'identifier d'autres protéines ayant une relation déjà décrite avec les récepteurs UNC5H (figure 35) : des protéines modulatrices de la voie p53 (facteur de transcription régulé par UNC5H2), des protéines modulatrices de la voie positive induite par les récepteurs à dépendance, des protéines impliquées dans la synthèse des radeaux lipidiques, des cibles de PP2A et des récepteurs transmembranaires impliqués dans l'angiogenèse (CD36) et un autre récepteur à la Nétrine-1 (Néogénine) (figure 35). Dans le cas de Néogénine, il est toutefois à noter que cette identification demande confirmation car elle a été réalisée de manière indirecte, le siRNA normalement dirigé contre MMP-26 présentant 75% d'identités de séquence avec le gène *néogénine*).

Partenaires identifiés	fonction	Voie ou fonction associée potentielle
Tia11a	facteur de transcription	Voie p53 (régulation transcriptionnelle d'UNC5H2)
PLAGL2	facteur de transcription	
BTCP1	régulateur d'Akt	
Trk-fused gene	régulateur de c-Src et NFKB	
CCKY	régulateur d'Akt	voie positive
Akap11	régulateur de la PKA	
FYB	régulateur de Fyn	
STE-20	protéine kinase	
STK3	protéine kinase	Cibles de PP2A
ELOVL5	synthèse des sphingolipids	Formation des rafts
CD36	récepteur transmembranaire	Co-récepteurs de la Nétrine-1 associé aux récepteurs UNC5H
Neogenin 1 homolog	récepteur transmembranaire	

Figure 35 : Tableau récapitulatif des partenaires identifiés potentiellement impliqués dans la régulation de la signalisation induite par les récepteurs UNC5H.
Liste des partenaires potentiellement impliqués dans la signalisation des récepteurs UNC5H.

Ainsi, ce premier crible d'ARN interférence réalisé au laboratoire a permis d'identifier de nombreux nouveaux effecteurs potentiels des voies de signalisation induites par les récepteurs UNC5H et en particulier d'identifier la sous-unité PR65β comme un effecteur essentiel de la signalisation induite par le récepteur UNC5H2. De nombreuses pistes ouvertes par le crible restent encore à explorer et permettront sans doute de caractériser d'autres effecteurs potentiels de la signalisation des récepteurs UNC5H. D'autres cribles basés sur le même principe seront réalisés au laboratoire dans les mois à venir notamment afin de caractériser la voie de signalisation apoptotique induite par le récepteur DCC. En effet, le crible siRNA sera également réalisé sur les cellules tumorales lymphoblastiques Granta exprimant la Nétrine-1 et seulement le récepteur DCC.

3. Perte de fonction apoptotique par gain de ligand : la surexpression de Nétrine-1

Surexpression du ligand et agressivité tumorale

Un troisième mécanisme peut également conduire à la perte de la fonction apoptotique des récepteurs à dépendance UNC5H et DCC : la surexpression de la Nétrine-1. Une première étude menée au laboratoire révèle que contrairement à la perte de fonction du récepteur UNC5H3 dans le colon, la surexpression de la Nétrine-1 dans l'épithélium intestinal est un évènement suffisant pour l'initiation des premières étapes de la tumorigenèse dans l'intestin (Mazelin et al., 2004). En effet, la surexpression de la Nétrine-1 dans l'intestin induit la formation d'hyperplasies épithéliales considérées comme des lésions pré-tumorales. Il faut cependant croiser ces souris avec des souris prédisposées au cancer du colon (mutation du suppresseur de tumeur APC) pour obtenir une progression tumorale allant jusqu'au stade avancé d'adénocarcinome indiquant que la surexpression de la Nétrine-1 a un rôle dans l'initiation et aussi dans la progression tumorale, contrairement à la perte de fonction d'UNC5H3 qui, seule, n'a pas d'effet et à besoin d'un évènement d'initiation (mutation du suppresseur de tumeur APC) pour déclencher la progression tumorale (Bernet et al., 2007; Mazelin et al., 2004). Cette différence d'agressivité tumorale bien que faisant intervenir la perte de fonction apoptotique du récepteur UNC5H3 dans les deux cas pourrait s'expliquer par la présence des autres récepteurs à dépendance à la Nétrine-1 dans l'intestin (UNC5H1, UNC5H2 et DCC). En effet, ces différents récepteurs pourraient contribuer de manière redondante à induire l'apoptose des cellules épithéliales en absence de Nétrine-1 en cas de déficience du récepteur UNC5H3. A l'inverse, la surexpression de la Nétrine-1 ne permet de conserver la fonction apoptotique d'aucun autre récepteur à Nétrine-1 anéantissant ainsi tous les systèmes de sauvegarde cellulaire que représentent les récepteurs à dépendance à Nétrine-1. Il peut en être de même pour la mutation d'un effecteur commun des voies de signalisation des récepteurs à Nétrine-1. En effet, on peut imaginer que la perte d'expression du la sous-unité PR65β ait le même effet que la surexpression de la Nétrine-1, abolissant simultanément les signaux de mort des récepteurs UNC5H et DCC (Guenebeaud C. et al, soumis). Dans ce sens, il a été montré que la perte d'expression de la DAPk (par méthylation du promoteur) est associée à la transformation d'hyperplasies en carcinomes dans le colon (Mittag et al., 2006).

Les travaux réalisés au cours de ma thèse se sont intéressés à d'autres cancers que celui du colon et nous avons montré qu'une surexpression de la Nétrine-1 était associée à la tumorigenèse mammaire et pulmonaire et que la Nétrine-1 jouait le rôle de facteur de survie sur des lignées tumorales dérivées de ces cancers (cancers mammaires et pulmonaires) ainsi que sur des tumeurs fraîches humaines (cancer mammaire) présentant cette surexpression. D'autres études menées au laboratoire et par d'autres groupes ont montré que la surexpression de la Nétrine-1 était également associée à la tumorigenèse pancréatique, aux leucémies (de type LAM), aux mélanomes ou bien encore aux neuroblastomes, pouvant ainsi constituer un avantage sélectif pour la croissance tumorale de ces tissus.

L'analyse plus approfondie de l'ensemble de ces cancers a permis de montrer que la surexpression de la Nétrine-1 était corrélée à des stades cancéreux particulièrement agressifs tels que les cancers mammaires métastatiques, les neuroblastomes métastatiques de stade IV, les adénocarcinomes pancréatiques avec invasion ganglionnaire et les mélanomes métastatiques (Delloye-Bourgeois et al., 2009a; Delloye-Bourgeois et al., 2009b; Fitamant et al., 2008; Kaufmann et al., 2009; Link et al., 2007), indiquant encore une fois que la perte de fonction pro-apoptotique de l'ensemble des récepteurs à la Nétrine-1 conduirait à des stades avancés de la tumorigenèse. Comme expliqué précédemment, ce phénomène agressif peut-être lié à une inhibition de la fonction apoptotique de sauvegarde de l'ensemble des récepteurs UNC5H (DCC étant perdu dans ces cancers). Toutefois, étant donné le caractère métastatique retrouvé associé aux cancers du sein, on peut penser également que cette surexpression de Nétrine-1 permette d'associer à la perte d'apoptose, un gain de fonction des récepteurs dont la voie de signalisation positive serait constitutivement activée en présence de Nétrine-1. En effet, dans les tissus à l'origine de ces cancers, la Nétrine-1 est physiologiquement impliquée dans les processus de migration (pancréas, système nerveux) et d'adhésion cellulaire (sein, peau). Ainsi, une hypothèse est que la surexpression de la Nétrine-1 dans ces tissus soit à l'origine d'une perte de l'adhésion

145

cellulaire et d'une stimulation de la migration cellulaire qui constitueraient un autre avantage sélectif offert par la surexpression de la Nétrine-1 pour la dissémination des cellules tumorales dans les tissus adjacents ou vers les sites tumoraux secondaires (métastases). De plus, il a été montré au laboratoire que l'expression forcée de la Nétrine-1 dans des lignées tumorales nétrine-1 négatives (lignée mammaire murine 67NR et lignée pulmonaire humaine H460) entraînait une modification phénotypique caractérisée par un allongement de ces cellules soulignant le fait que la surexpression de Nétrine-1 pourrait être associée à une modification du comportement tumoral. Il est à noter cependant que l'expression forcée de Nétrine-1 dans ces cellules ne suffit pas à leur conférer un caractère métastatique *in vivo* (donnée non-publiée), l'expression de Nétrine-1 n'étant donc pas un évènement suffisant pour déclencher à elle seule le processus métastatique dans ces lignées tumorales.

Enfin, la Nétrine-1 étant également un facteur pro-angiogénique, nous pouvons également nous demander si l'agressivité observée des tumeurs surexprimant la Nétrine-1 n'est pas également due à la vascularisation de celles-ci. En effet, on peut aisément imaginer que la Nétrine-1 produite par les cellules tumorales soit capable de stimuler les cellules endothéliales de manière paracrine et ainsi contribuer à la progression tumorale. L'analyse des données cliniques des patientes atteintes d'un cancer du sein n'a, pour l'instant, révélé aucune corrélation entre un fort taux d'expression de la Nétrine-1 et la vascularisation tumorale (Guenebeaud et al, en préparation). Il est possible que cette absence de corrélation soit liée à un échantillonnage trop faible mais aussi au fait que seule une analyse macroscopique des tumeurs a été réalisée. Ainsi, une analyse plus approfondie est à faire afin d'analyser le rôle potentiel de la Nétrine-1 sur la microvascularisation tumorale. Il est à noter que lors de la réalisation de xénogreffes des lignées tumorales pulmonaires H358 exprimant fortement la Nétrine-1 (et les récepteurs UNC5H uniquement), nous avons pu observer le développement de vaisseaux sanguins intra-tumoraux, le développement de ces vaisseaux n'ayant pas été observé dans des tumeurs traitées avec le DCC-5Fbn, peptide inhibiteur de la Nétrine-1. La Nétrine-1 pourrait donc faciliter le développement tumoral en stimulant conjointement l'angiogenèse et la survie cellulaire.

Pour étudier la part de l'angiogenèse et de la perte d'apoptose dans le gain de Nétrine-1 des cellules tumorales, une étude utilisant des xénogreffes de cellules H358 invalidées pour les voies de signalisation UNC5H (cellules exprimant de manière stable le mutant dominant négatif des récepteurs UNC5H) est en cours au laboratoire. Ces cellules H358 seront greffées à des souris *nude* et l'effet du peptide DCC-5Fbn sur la croissance tumorale sera analysé. Si malgré l'inhibition des voies de signalisation pro-apoptotiques des récepteurs UNC5H, une inhibition de la croissance tumorale des cellules H358 par le peptide est toujours observée, nous pourrons en conclure qu'une part de la croissance tumorale est liée à une stimulation de l'angiogenèse par les cellules tumorales surexprimant la Nétrine-1.

Nos travaux suggèrent pour la première fois que la surexpression de la Nétrine-1 est corrélée à une migration accrue des cellules tumorales conduisant non seulement à la dissémination métastatique mais aussi à l'invasion ganglionnaire dans le cancer du sein. Cela a ensuite été confirmé dans les neuroblastomes de stade IV ainsi que dans les adénocarcinomes pancréatiques car ces deux cancers présentent respectivement une dissémination métastatique et une invasion ganglionnaire. De plus, il semble qu'il existe une localisation préférentielle des métastases dans les organes où la Nétrine-1 est produite en condition physiologique (poumon, os et cerveau), permettant ainsi certainement de faire perdurer l'effet anti-apoptotique de la Nétrine-1 sur les cellules tumorales. Une autre question soulevée par cette dissémination métastatique est le moyen par lequel les cellules tumorales parviennent à survivre au cours de leur transit entre le site de la tumeur primaire et le site métastatique secondaire. Cela peut s'expliquer par deux processus non-exclusifs : (i) soit les cellules métastatiques ont la capacité de produire la Nétrine-1 de manière autocrine (phénomène que nous avons mis en évidence *in vitro* pour les lignées tumorales mammaires et pulmonaires)(Delloye-Bourgeois et al., 2009b; Fitamant et al., 2008), (ii) soit la production de Nétrine-1 par la tumeur induit la présence de Nétrine-1 dans le sang et le système lymphatique à un taux suffisant pour permettre la survie et la migration des cellules tumorales. Nous avons d'ailleurs pu montrer que la Nétrine-1 était détectable dans le sang et ce à un taux plus élevé chez les patientes atteintes d'un cancer du sein par rapport à des individus contrôles (Guenebeaud et al, en préparation).

Si il semble évident de part l'ensemble des résultats obtenus, que la production autocrine de Nétrine-1 par les lignées cellulaires utilisées soit importante pour l'agressivité tumorale, il n'est pas évident qu'au sein de la tumeur, la Nétrine-1 soit produite de façon précise. En effet, même si les immunomarquages révèlent que la Nétrine-1 est présente dans l'ensemble du tissu tumoral dans le sein et dans le poumon, cela ne signifie pas qu'elle est produite par les cellules tumorales elles-mêmes, puisqu'il s'agît d'un facteur diffusible. Ainsi, en condition tumorale la Nétrine-1 pourrait stimuler la survie des cellules tumorales en étant produite de manière paracrine, (i) par une sous-population tumorale particulière, ou bien (ii) par des cellules non-tumorales adjacentes à la tumeur telles que les cellules mésenchymateuses. Dans les tumeurs pulmonaires non-à petites cellules, il semble que la production de la Nétrine-1 soit restreinte à une sous-population tumorale épithéliale comme le révèlent les hybridations *in situ* réalisées sur des coupes de tissu tumoral, cellules qui pourraient être des cellules peu différenciées correspondant peut-être à des cellules souches tumorales (Delloye-Bourgeois et al., 2009a). Un travail important pourrait être effectué afin de déterminer le type cellulaire réellement producteur de la Nétrine-1 et peut-être permettre de mettre en évidence la production de Nétrine-1 dans les cellules peu différenciées de type cellules souches et progéniteurs, la Nétrine-1 étant une protéine très exprimée surtout au cours du développement.

Mécanisme moléculaire de surexpression de la Nétrine-1

Un dernier point intéressant est le mécanisme moléculaire par lequel la Nétrine-1 est surexprimée dans les tumeurs. Il semble que la surexpression de Nétrine-1 ne soit pas liée à une amplification génique -caractéristique des oncogènes comme c-Myc- car aucune amplification de la région chromosomique 17p porteuse du gène *nétrine-1* n'a pu être observée dans les neuroblastomes qui montrent une surexpression de Nétrine-1 (Delloye-Bourgeois et al., 2009b). Afin de déterminer si cette surexpression était liée à une hyperactivation transcriptionnelle du gène de la *nétrine-1*, un vecteur porteur du promoteur de la *nétrine-1* fusionné au gène rapporteur de la luciférase a été transfecté dans des cellules tumorales surexprimant la Nétrine-1. Via la quantification de l'activité luciférase, cette expérience a mis en évidence une activation du promoteur de la

Nétrine-1 uniquement dans les cellules tumorales exprimant fortement la Nétrine-1 en comparaison avec des cellules n'exprimant pas la Nétrine-1, suggérant que la surexpression de la Nétrine-1 observée dans les cancers est liée à une activation transcriptionnelle du gène de la *nétrine-1* (Paradisi et al., 2008). Par ailleurs, des études effectuées au laboratoire ont mis en évidence la présence de sites de fixation du facteur de transcription NFκB qui ont été identifiés dans la région promotrice de la Nétrine-1, et leur mutation inhibe l'activation transcriptionnelle de la Nétrine-1. Il a été montré que le facteur de transcription NFκB était fréquemment activé dans les cancers (cf Figure 9), cette activation étant également associée aux processus inflammatoires.

Ainsi, il semble que la surexpression de la Nétrine-1 dans les cellules tumorales soit bien la conséquence de l'activation du facteur de transcription NFκB et qu'une corrélation existe entre inflammation, cancer et production de Nétrine-1. En effet, une pathologie inflammatoire pourrait favoriser une transformation tumorale du tissu considéré par une surproduction de Nétrine-1 NFκB-dépendante et cela a déjà été montré au laboratoire dans un modèle murin d'étude de la maladie de Crohn (inflammation colorectale chronique)(Paradisi et al., 2008; Paradisi et al., 2009). D'autre part, il a été montré que la pancréatite chronique était associée à une activation de NFκB ainsi qu'à une prédisposition au développement de tumeurs pancréatiques (Lowenfels et al., 1993) suggérant également que dans cet organe une surproduction de Nétrine-1 liée à l'inflammation pourrait être un facteur prédisposant à la tumorigenèse.

Surexpression de Nétrine-1 : modèle intégré

En résumé, les études menées au laboratoire et par d'autres groupes ont permis de montrer que la surexpression de la Nétrine-1 constituait un avantage sélectif pour la croissance tumorale de part son rôle de facteur de survie et potentiellement via un rôle dans la perte de l'adhésion cellulaire, la stimulation de la migration cellulaire et la stimulation de l'angiogenèse. Nous avons également montré que la Nétrine-1 est un marqueur d'agressivité tumoral puisqu'elle favorise en particulier l'invasion des tissus adjacents de la tumeur et la dissémination métastatique. De manière remarquable, la plupart des cancers associés à une surexpression de Nétrine-1 affectent les couches épithéliales des organes branchés (poumon, glande mammaire, pancréas, colon). De manière générale, les épithélia se renouvellent en permanence à partir de cellules souches présentent à proximité des lames basales, qui se différencient en se divisant et finissent par mourir par apoptose. Ainsi la Nétrine-1 pourrait être associée à un modèle de régulation de cette homéostasie et du contrôle de la tumorigenèse généralisable aux organes branchés qui sont tous constitués d'un système de « branches » et de lobules dans lesquels le phénomène apoptotique est indispensable (figure 36).

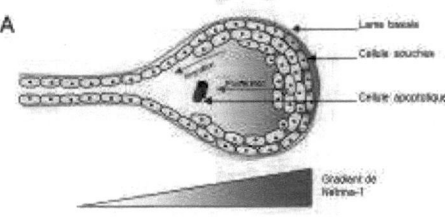

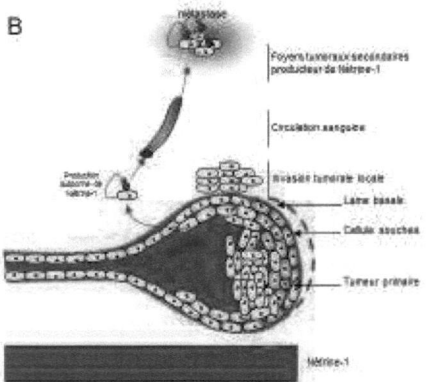

Figure 36 : Modèle général du rôle de la Nétrine-1 et de ses récepteurs UNC5H dans l'homéostasie et le contrôle de la tumorigenèse des organes branchés

A. En condition physiologique, les cellules épithéliales sont renouvelées en permanence via la prolifération de cellules souches et l'élimination des cellules les plus anciennes par apoptose. Dans les organes branchés, la Nétrine-1 et ses récepteurs UNC5H pourrait réguler cette homéostasie en formant un gradient au sein des acini : la Nétrine-1 stimulant la prolifération des cellules souches, et l'activation de voie apoptotique des récepteurs UNC5H permettant l'élimination des cellules les plus anciennes (ici les plus proches de la lumière). De plus, la Nétrine-1 et ses récepteurs UNC5H pourraient également participer à l'adhésion des cellules entre-elles et à la migration cellulaire nécessaire au toipoogy épithélial des acini.

B. En condition tumorale, la surexpression anormale locale ou autocrine de Nétrine-1 entraînerait d'une part une hyperprolifération des cellules souches et d'autre part une dérégulation de l'adhésion et de la migration cellulaire conduisant ainsi à la formation de tumeurs et à l'échappement de cellules tumorales des acini qui vont coloniser les tissus adjacents ou des organes plus distants (métastases). L'une des possibilités pour les cellules tumorales de s'affranchir de leur dépendance à la Nétrine-1 est l'expression autocrine de Nétrine-1 représentée ici dans le processus métastatique.

Selon ce modèle la Nétrine-1 diffusible présente dans l'environnement des cellules souches épithéliales contrôlerait la prolifération et la différenciation de ces cellules souches, les récepteurs UNC5H et DCC contrôlant quant à eux l'élimination

150

des cellules épithéliales dans la lumière là où la Nétrine-1 est absente ; phénomène essentiel pour le renouvellement cellulaire par ailleurs nécessaire à la formation de la lumière des canaux au cours du développement (figure 36A). En condition tumorale, un avantage sélectif permettant une augmentation transcriptionnelle de la Nétrine-1 soit dans ces cellules souches, soit dans des cellules progénitrices, voire dans les cellules différenciées, conduirait à une hyperprolifération des cellules souches et à une absence de l'apoptose normalement induite par les récepteurs UNC5H et DCC à l'origine de la formation d'une tumeur primaire. De plus cette surexpression de Nétrine-1 pourrait être à l'origine d'une perte de l'adhésion cellule-cellule, d'une stimulation de la migration dans les tissus adjacents et ainsi d'une invasivité tumorale locale (figure 36B). Enfin, une expression autocrine de la Nétrine-1 ou un fort taux de Nétrine-1 sanguin lié à la surexpression de la Nétrine-1 dans la tumeur primaire, induirait une dissémination des cellules tumorales par voie sanguine et la formation de métastases dans des sites secondaires produisant également de la Nétrine-1 maintenant la pression sélective de ces cellules immortelles (figure 36B).

Utilisation de la surexpression de la Nétrine-1 pour une thérapie anti-cancéreuse

Nous avons montré que le peptide DCC-5Fbn correspondant à l'un des sites de fixation de la Nétrine-1 sur DCC était capable d'induire l'apoptose de lignées tumorales surexprimant la Nétrine-1 *in vitro* et d'induire une régression tumorale de tumeurs issues de ces lignées et/ou d'inhiber la dissémination métastatique dans des modèles d'études de la tumorigenèse mammaire et pulmonaire (Delloye-Bourgeois et al., 2009a; Fitamant et al., 2008). Une autre étude menée au laboratoire a également permis de montrer un effet anti-tumoral et anti-métastatique de ce peptide sur des cellules tumorales de neuroblastomes (Delloye-Bourgeois et al., 2009b) suggérant qu'il pourrait être le prototype d'une nouvelle thérapie ciblée.

D'autre part, nous avons montré au laboratoire que l'oligomérisation du récepteur UNC5H2 ou du récepteur DCC en présence de Nétrine-1 était suffisante pour inhiber la fonction pro-apoptotique de ces récepteurs (Mille et al., 2009a). Il apparaît que le peptide DCC-5Fbn est capable d'induire la mort de cellules en culture en inhibant directement le processus d'oligomérisation du récepteur DCC. Ainsi le développement d'une thérapie ciblée contre les cancers à surexpression de Nétrine-1 pourrait correspondre (i) soit à un peptide capable d'inhiber la fixation de la Nétrine-1 sur ses récepteurs UNC5H, (ii) soit à un peptide capable d'inhiber l'oligomérisation des récepteurs UNC5H (le ciblage du récepteur DCC ne présentant pas d'intérêt en thérapie anti-tumorale puisque ce dernier n'est pas exprimé dans la plupart des cancers).

Actuellement plusieurs essais sont en cours au laboratoire afin de développer un analogue du peptide DCC-5Fbn remplissant les conditions nécessaires à une utilisation en thérapie humaine : c'est-à-dire un peptide de faible poids moléculaire, et qui soit stable au cours du temps dans le sérum. Ainsi, le domaine précis de fixation de la Nétrine-1 sur le 5ème domaine fibronectine de DCC (une dizaine d'acides aminés) a été isolé. Par ailleurs, le peptide DCC-5Fbn (de 100 acides aminés) a été stabilisé par ajout d'un groupement des chaînes lourdes des immunnoglobulines (domaine Fc) ce qui lui confère une demi-vie de 39h dans le sérum et permet des injections intrapéritonéales ou intraveineuses seulement une ou deux fois par semaine, conditions idéales pour une thérapie. Ces peptides sont actuellement en cours de test chez la souris sur des xénogreffes de lignées tumorales humaines et les essais à venir viseront à estimer leur toxicité car, de part la fonction potentielle de la Nétrine-1 dans la régulation de l'homéostasie de nombreux tissus, un tel traitement pourrait avoir des effets secondaires. De manière encourageante, après 30 jours de traitement de tumeurs greffées, l'analyse de l'intestin des souris *nude* ne révèle pas d'augmentation de l'apoptose et par ailleurs, les souris traitées ne présentent ni problème de comportement, ni perte de poids (donnée non-publiée). De plus, il a été montré que le peptide DCC-5Fbn stabilisé était capable de se concentrer spécifiquement au niveau des xénogreffes tumorales surexprimant la Nétrine-1 et pas dans les autres organes (étude réalisée par la fusion du peptide avec le fluorochrome Cy-5, donnée non-publiée) donnant une indication supplémentaire sur une restriction plutôt tumorale du ciblage par cette molécule thérapeutique.

Par ailleurs, la Nétrine-1 étant impliquée dans le développement du système nerveux, la toxicité neurologique de ce traitement sera analysée. En particulier, la capacité du peptide à franchir la barrière hématoencéphalique afin de prévenir tout effet neurotoxique devra être étudiée.

Les tests en cours visent à traiter les cancers du poumon et du sein Nétrine-1 dépendants mais pourraient permettrent le développement d'une thérapie anti-cancéreuse plus globale contre d'autres cancers Nétrine-1 dépendants : neuroblastomes de stade IV, cancers du pancréas, mélanomes et leucémies, un criblage des autres types de cancers restant à être effectué plus systématiquement.

Par ailleurs, nous avons également évoqué le rôle de la Nétrine-1 dans les maladies inflammatoires où ses effets sont variables : dans la maladie de Crohn (inflammation intestinale) et potentiellement dans les pancréatites, la surexpression de la Nétrine-1 liée à l'activation du facteur de transcription NFκB favoriserait la tumorigenèse, alors que dans l'ostéoarthrite (inflammation articulaire), la Nétrine-1 favoriserait la migration des chondrocytes et ainsi la dégénérescence cartilagineuse. Pour ces trois pathologies, inhiber la Nétrine-1 pourrait également être une solution thérapeutique comme l'indiquent des résultats obtenus au laboratoire chez des souris atteintes d'un cancer du colon d'origine inflammatoire.

Conclusion

La perte de la fonction apoptotique comme système de sauvegarde de l'intégrité cellulaire est l'une des caractéristiques des cellules cancéreuses et actuellement trois voies de signalisation conduisant à cette apoptose peuvent être distinguées : la voie des récepteurs de mort, la voie mitochondriale et la voie des récepteurs à dépendance plus particulièrement étudiée au laboratoire. Les thérapies ciblées visant à restaurer les voies de signalisation apoptotiques sont source d'espoir en thérapie anti-cancéreuse car elles pourraient être utilisées seules ou en association avec les chimiothérapies et ainsi améliorer l'efficacité des traitements actuels. Actuellement parmi l'ensemble des thérapies ciblées existantes seules quelques unes ciblent les voies pro-apoptotiques et plus particulièrement la voie des récepteurs de mort (ciblage de TRAIL et de ses récepteurs) et la voie mitochondriale (ciblage des protéines Bcl-2). Parmi les mutations inactivatrices des voies apoptotiques observées dans les cancers, on retrouve la perte de fonction des récepteurs de TRAIL et la surexpression de récepteurs leurres qui vont titrer et neutraliser TRAIL (ou ses agonistes thérapeutiques) ou bien encore la perte de fonction des protéines pro-apoptotiques située en aval des protéines Bcl-2 dans la cascade de signalisation apoptotique (Apaf-1 et Smac/DIABLO). Par conséquent ces traitements présentent de nombreux phénomènes de résistance. Ainsi, la voie des récepteurs à dépendance et plus particulièrement, l'inactivation tumorale de cette voie liée à la surexpression de ligand est une source d'espoir pour le développement de nouvelles thérapies ciblées impliquant une nouvelle voie d'activation de l'apoptose et faisant intervenir soit de nouveaux partenaires, soit des partenaires partageant les autres voies d'apoptose. Nous avons travaillé sur les prototypes des récepteurs à dépendance, les récepteurs à Nétrine-1 mais des résultats au laboratoire indiquent déjà que la surexpression du ligand impliquée dans les cancers pourrait concerner les ligands Neurotrophine-3 (ligand de TrkC) et Sonic Hedgehog (ligand de Patched). En effet, de manière intéressante dans les neuroblastomes de stade IV et les cancers mammaires, on retrouve à la fois une surexpression de Nétrine-1 et une surexpression de Neurotrophine-3. Ainsi deux nouvelles perspectives thérapeutiques existeraient pour ces cancers : le ciblage de la Nétrine-1 et/ou le ciblage de la Neurotrophine 3. De la même manière, dans le pancréas on retrouve une surexpression de la Nétrine-1 et une surexpression du ligand Shh associées avec la progression tumorale. Ainsi, pour un cancer donné, plusieurs possibilités thérapeutiques basées sur l'inhibition de la surexpression des ligands des récepteurs à dépendance pourraient être développées dans l'objectif de créer des thérapies personnalisées et ciblées sur les cellules tumorales créant un panel complet de nouvelles molécules anti-cancéreuses pour donner « le bon médicament, à la bonne personne ».

.

Bibliographie

Abraira, V. E., T. Del Rio, A. F. Tucker, J. Slonimsky, H. L. Keirnes, and L. V. Goodrich, 2008, Cross-repressive interactions between Lrig3 and netrin 1 shape the architecture of the inner ear: Development, v. 135, p. 4091-9.

Ackerman, S. L., L. P. Kozak, S. A. Przyborski, L. A. Rund, B. B. Boyer, and B. B. Knowles, 1997, The mouse rostral cerebellar malformation gene encodes an UNC-5-like protein: Nature, v. 386, p. 838-42.

Allan, L. A., N. Morrice, S. Brady, G. Magee, S. Pathak, and P. R. Clarke, 2003, Inhibition of caspase-9 through phosphorylation at Thr 125 by ERK MAPK: Nat Cell Biol, v. 5, p. 647-54.

Allouche, M., 2007, ALK is a novel dependence receptor: potential implications in development and cancer: Cell Cycle, v. 6, p. 1533-8.

Balakrishnan, K., J. A. Burger, W. G. Wierda, and V. Gandhi, 2009, AT-101 induces apoptosis in CLL B cells and overcomes stromal cell-mediated Mcl-1 induction and drug resistance: Blood, v. 113, p. 149-53.

Bazigou, E., H. Apitz, J. Johansson, C. E. Loren, E. M. Hirst, P. L. Chen, R. H. Palmer, and I. Salecker, 2007, Anterograde Jelly belly and Alk receptor tyrosine kinase signaling mediates retinal axon targeting in Drosophila: Cell, v. 128, p. 961-75.

Bedikian, A. Y., M. Millward, H. Pehamberger, R. Conry, M. Gore, U. Trefzer, A. C. Pavlick, R. DeConti, E. M. Hersh, P. Hersey, J. M. Kirkwood, and F. G. Haluska, 2006, Bcl-2 antisense (oblimersen sodium) plus dacarbazine in patients with advanced melanoma: the Oblimersen Melanoma Study Group: J Clin Oncol, v. 24, p. 4738-45.

Bennett, K. L., J. Bradshaw, T. Youngman, J. Rodgers, B. Greenfield, A. Aruffo, and P. S. Linsley, 1997, Deleted in colorectal carcinoma (DCC) binds heparin via its fifth fibronectin type III domain: J Biol Chem, v. 272, p. 26940-6.

Bernet, A., and J. Fitamant, 2008, Netrin-1 and its receptors in tumour growth promotion: Expert Opin Ther Targets, v. 12, p. 995-1007.

Bernet, A., L. Mazelin, M. M. Coissieux, N. Gadot, S. L. Ackerman, J. Y. Scoazec, and P. Mehlen, 2007, Inactivation of the UNC5C Netrin-1 receptor is associated with tumor progression in colorectal malignancies: Gastroenterology, v. 133, p. 1840-8.

Bharti, A. C., and B. B. Aggarwal, 2002, Nuclear factor-kappa B and cancer: its role in prevention and therapy: Biochem Pharmacol, v. 64, p. 883-8.

Bloch-Gallego, E., F. Ezan, M. Tessier-Lavigne, and C. Sotelo, 1999, Floor plate and netrin-1 are involved in the migration and survival of inferior olivary neurons: J Neurosci, v. 19, p. 4407-20.

Bordeaux, M. C., C. Forcet, L. Granger, V. Corset, C. Bidaud, M. Billaud, D. E. Bredesen, P. Edery, and P. Mehlen, 2000, The RET proto-oncogene induces apoptosis: a novel mechanism for Hirschsprung disease: Embo J, v. 19, p. 4056-63.

Borysenko, C. W., V. Garcia-Palacios, R. D. Griswold, Y. Li, A. K. Iyer, B. B. Yaroslavskiy, A. C. Sharrow, and H. C. Blair, 2006, Death receptor-3 mediates apoptosis in human osteoblasts under narrowly regulated conditions: J Cell Physiol, v. 209, p. 1021-8.

Brady, S. C., L. A. Allan, and P. R. Clarke, 2005, Regulation of caspase 9 through phosphorylation by protein kinase C zeta in response to hyperosmotic stress: Mol Cell Biol, v. 25, p. 10543-55.

Bredesen, D. E., P. Mehlen, and S. Rabizadeh, 2005, Receptors that mediate cellular dependence: Cell Death Differ, v. 12, p. 1031-43.

Bredesen, D. E., R. V. Rao, and P. Mehlen, 2006, Cell death in the nervous system: Nature, v. 443, p. 796-802.

Brennan, C., K. Rivas-Plata, and S. C. Landis, 1999, The p75 neurotrophin receptor influences NT-3 responsiveness of sympathetic neurons in vivo: Nat Neurosci, v. 2, p. 699-705.

Briancon-Marjollet, A., A. Ghogha, H. Nawabi, I. Triki, C. Auziol, S. Fromont, C. Piche, H. Enslen, K. Chebli, J. F. Cloutier, V. Castellani, A. Debant, and N. Lamarche-Vane, 2008, Trio mediates netrin-1-induced Rac1 activation in axon outgrowth and guidance: Mol Cell Biol, v. 28, p. 2314-23.

Bulavin, D. V., and A. J. Fornace, Jr., 2004, p38 MAP kinase's emerging role as a tumor suppressor: Adv Cancer Res, v. 92, p. 95-118.

Bulavin, D. V., Y. Higashimoto, I. J. Popoff, W. A. Gaarde, V. Basrur, O. Potapova, E. Appella, and A. J. Fornace, Jr., 2001, Initiation of a G2/M checkpoint after ultraviolet radiation requires p38 kinase: Nature, v. 411, p. 102-7.

Bushunow, P., M. M. Reidenberg, J. Wasenko, J. Winfield, B. Lorenzo, S. Lemke, B. Himpler, R. Corona, and T. Coyle, 1999, Gossypol treatment of recurrent adult malignant gliomas: J Neurooncol, v. 43, p. 79-86.

Cardone, M. H., N. Roy, H. R. Stennicke, G. S. Salvesen, T. F. Franke, E. Stanbridge, S. Frisch, and J. C. Reed, 1998, Regulation of cell death protease caspase-9 by phosphorylation: Science, v. 282, p. 1318-21.

Cardoso, W. V., 2000, Lung morphogenesis revisited: old facts, current ideas: Dev Dyn, v. 219, p. 121-30.

Castets, M., M. M. Coissieux, C. Delloye-Bourgeois, L. Bernard, J. G. Delcros, A. Bernet, V. Laudet, and P. Mehlen, 2009, Inhibition of endothelial cell apoptosis by netrin-1 during angiogenesis: Dev Cell, v. 16, p. 614-20.

Castets M., C. M. M., Delloye-Bourgeois C., Bernard L., Delcros J.G, Bernet A., Laudet V. and P. Mehlen 2009, Inhibition of endothelial cell apoptosis by netrin-1 during angiogenesis.: Dev Cell, v. In Press.

Cayuso, J., F. Ulloa, B. Cox, J. Briscoe, and E. Marti, 2006, The Sonic hedgehog pathway independently controls the patterning, proliferation and survival of neuroepithelial cells by regulating Gli activity: Development, v. 133, p. 517-28.

Cazanave, S. C., J. L. Mott, N. A. Elmi, S. F. Bronk, N. W. Werneburg, Y. Akazawa, A. Kahraman, S. P. Garrison, G. P. Zambetti, M. R. Charlton, and G. J. Gores, 2009, JNK1-dependent PUMA expression contributes to hepatocyte lipoapoptosis: J Biol Chem, v. 284, p. 26591-602.

Chai, J., C. Du, J. W. Wu, S. Kyin, X. Wang, and Y. Shi, 2000, Structural and biochemical basis of apoptotic activation by Smac/DIABLO: Nature, v. 406, p. 855-62.

Chai, J., E. Shiozaki, S. M. Srinivasula, Q. Wu, P. Datta, E. S. Alnemri, and Y. Shi, 2001, Structural basis of caspase-7 inhibition by XIAP: Cell, v. 104, p. 769-80.

Chan, S. S., H. Zheng, M. W. Su, R. Wilk, M. T. Killeen, E. M. Hedgecock, and J. G. Culotti, 1996, UNC-40, a C. elegans homolog of DCC (Deleted in Colorectal Cancer), is required in motile cells responding to UNC-6 netrin cues: Cell, v. 87, p. 187-95.

Chatfield, K., and A. Eastman, 2004, Inhibitors of protein phosphatases 1 and 2A differentially prevent intrinsic and extrinsic apoptosis pathways: Biochem Biophys Res Commun, v. 323, p. 1313-20.

Chipuk, J. E., J. C. Fisher, C. P. Dillon, R. W. Kriwacki, T. Kuwana, and D. R. Green, 2008, Mechanism of apoptosis induction by inhibition of the anti-apoptotic BCL-2 proteins: Proc Natl Acad Sci U S A, v. 105, p. 20327-32.

Chou, H. C., C. H. Chen, H. S. Lee, C. Z. Lee, G. T. Huang, P. M. Yang, P. H. Lee, and J. C. Sheu, 2007, Alterations of tumour suppressor gene PPP2R1B in hepatocellular carcinoma: Cancer Lett, v. 253, p. 138-43.

Chu, C. S., B. Xue, C. Tu, Z. H. Feng, Y. H. Shi, Y. Miao, and C. J. Wen, 2007, NRAGE suppresses metastasis of melanoma and pancreatic cancer in vitro and in vivo: Cancer Lett, v. 250, p. 268-75.

Clancy, L., K. Mruk, K. Archer, M. Woelfel, J. Mongkolsapaya, G. Screaton, M. J. Lenardo, and F. K. Chan, 2005, Preligand assembly domain-mediated ligand-independent association between TRAIL receptor 4 (TR4) and TR2 regulates TRAIL-induced apoptosis: Proc Natl Acad Sci U S A, v. 102, p. 18099-104.

Connolly, K., Y. H. Cho, R. Duan, J. Fikes, T. Gregorio, D. W. LaFleur, Z. Okoye, T. W. Salcedo, G. Santiago, S. Ullrich, P. Wei, K. Windle, E. Wong, X. T. Yao, Y. Q. Zhang, G. Zheng, and P. A. Moore, 2001, In vivo inhibition of Fas ligand-mediated killing by TR6, a Fas ligand decoy receptor: J Pharmacol Exp Ther, v. 298, p. 25-33.

Corset, V., K. T. Nguyen-Ba-Charvet, C. Forcet, E. Moyse, A. Chedotal, and P. Mehlen, 2000, Netrin-1-mediated axon outgrowth and cAMP production requires interaction with adenosine A2b receptor: Nature, v. 407, p. 747-50.

Courter, D. L., L. Lomas, M. Scatena, and C. M. Giachelli, 2005, Src kinase activity is required for integrin alphaVbeta3-mediated activation of nuclear factor-kappaB: J Biol Chem, v. 280, p. 12145-51.

Cretney, E., K. Takeda, H. Yagita, M. Glaccum, J. J. Peschon, and M. J. Smyth, 2002, Increased susceptibility to tumor initiation and metastasis in TNF-related apoptosis-inducing ligand-deficient mice: J Immunol, v. 168, p. 1356-61.

Dalvin, S., M. A. Anselmo, P. Prodhan, K. Komatsuzaki, J. J. Schnitzer, and T. B. Kinane, 2003, Expression of Netrin-1 and its two receptors DCC and UNC5H2 in the developing mouse lung: Gene Expr Patterns, v. 3, p. 279-83.

Dan, H. C., M. Sun, S. Kaneko, R. I. Feldman, S. V. Nicosia, H. G. Wang, B. K. Tsang, and J. Q. Cheng, 2004, Akt phosphorylation and stabilization of X-linked inhibitor of apoptosis protein (XIAP): J Biol Chem, v. 279, p. 5405-12.

Daniel, C. W., P. Strickland, and Y. Friedmann, 1995, Expression and functional role of E- and P-cadherins in mouse mammary ductal morphogenesis and growth: Dev Biol, v. 169, p. 511-9.

Dash, P. R., J. McCormick, M. J. Thomson, A. P. Johnstone, J. E. Cartwright, and G. S. Whitley, 2007, Fas ligand-induced apoptosis is regulated by nitric oxide through the inhibition of fas receptor clustering and the nitrosylation of protein kinase Cepsilon: Exp Cell Res, v. 313, p. 3421-31.

De Breuck, S., J. Lardon, I. Rooman, and L. Bouwens, 2003, Netrin-1 expression in fetal and regenerating rat pancreas and its effect on the migration of human pancreatic duct and porcine islet precursor cells: Diabetologia, v. 46, p. 926-33.

Delloye-Bourgeois, C., E. Brambilla, M. M. Coissieux, C. Guenebeaud, R. Pedeux, V. Firlej, F. Cabon, C. Brambilla, P. Mehlen, and A. Bernet, 2009a, Interference with netrin-1 and tumor cell death in non-small cell lung cancer: J Natl Cancer Inst, v. 101, p. 237-47.

Delloye-Bourgeois, C., J. Fitamant, A. Paradisi, D. Cappellen, S. Douc-Rasy, M. A. Raquin, D. Stupack, A. Nakagawara, R. Rousseau, V. Combaret, A. Puisieux, D. Valteau-Couanet, J. Benard, A. Bernet, and P. Mehlen, 2009b, Netrin-1 acts as a survival factor for aggressive neuroblastoma: J Exp Med, v. 206, p. 833-47.

Denmeade, S. R., X. S. Lin, B. Tombal, and J. T. Isaacs, 1999, Inhibition of caspase activity does not prevent the signaling phase of apoptosis in prostate cancer cells: Prostate, v. 39, p. 269-79.

DeRosa, D. C., P. J. Ryan, A. Okragly, D. R. Witcher, and R. J. Benschop, 2008, Tumor-derived death receptor 6 modulates dendritic cell development: Cancer Immunol Immunother, v. 57, p. 777-87.

Dhanasekaran, D. N., and E. P. Reddy, 2008, JNK signaling in apoptosis: Oncogene, v. 27, p. 6245-51.

Di Certo, M. G., N. Corbi, T. Bruno, S. Iezzi, F. De Nicola, A. Desantis, M. T. Ciotti, E. Mattei, A. Floridi, M. Fanciulli, and C. Passananti, 2007, NRAGE associates with the anti-apoptotic factor Che-1 and regulates its degradation to induce cell death: J Cell Sci, v. 120, p. 1852-8.

Dillon, A. K., A. R. Jevince, L. Hinck, S. L. Ackerman, X. Lu, M. Tessier-Lavigne, and Z. Kaprielian, 2007, UNC5C is required for spinal accessory motor neuron development: Mol Cell Neurosci, v. 35, p. 482-9.

Du, C., M. Fang, Y. Li, L. Li, and X. Wang, 2000, Smac, a mitochondrial protein that promotes cytochrome c-dependent caspase activation by eliminating IAP inhibition: Cell, v. 102, p. 33-42.

Edelblum, K. L., J. A. Goettel, T. Koyama, S. J. McElroy, F. Yan, and D. B. Polk, 2008, TNFR1 promotes tumor necrosis factor-mediated mouse colon epithelial cell survival through RAF activation of NF-kappaB: J Biol Chem, v. 283, p. 29485-94.

Eichhorn, P. J., M. P. Creyghton, and R. Bernards, 2009, Protein phosphatase 2A regulatory subunits and cancer: Biochim Biophys Acta, v. 1795, p. 1-15.

Eisenberg-Lerner, A., and A. Kimchi, 2007, DAP kinase regulates JNK signaling by binding and activating protein kinase D under oxidative stress: Cell Death Differ, v. 14, p. 1908-15.

Eliceiri, B. P., X. S. Puente, J. D. Hood, D. G. Stupack, D. D. Schlaepfer, X. Z. Huang, D. Sheppard, and D. A. Cheresh, 2002, Src-mediated coupling of focal adhesion kinase to integrin alpha(v)beta5 in vascular endothelial growth factor signaling: J Cell Biol, v. 157, p. 149-60.

Ellerby, L. M., A. S. Hackam, S. S. Propp, H. M. Ellerby, S. Rabizadeh, N. R. Cashman, M. A. Trifiro, L. Pinsky, C. L. Wellington, G. S. Salvesen, M. R. Hayden, and D. E. Bredesen, 1999, Kennedy's disease: caspase cleavage of the androgen receptor is a crucial event in cytotoxicity: J Neurochem, v. 72, p. 185-95.

Emery, J. G., P. McDonnell, M. B. Burke, K. C. Deen, S. Lyn, C. Silverman, E. Dul, E. R. Appelbaum, C. Eichman, R. DiPrinzio, R. A. Dodds, I. E. James, M. Rosenberg, J. C. Lee, and P. R.

Young, 1998, Osteoprotegerin is a receptor for the cytotoxic ligand TRAIL: J Biol Chem, v. 273, p. 14363-7.

Englund, C., C. E. Loren, C. Grabbe, G. K. Varshney, F. Deleuil, B. Hallberg, and R. H. Palmer, 2003, Jeb signals through the Alk receptor tyrosine kinase to drive visceral muscle fusion: Nature, v. 425, p. 512-6.

Eramo, A., M. Sargiacomo, L. Ricci-Vitiani, M. Todaro, G. Stassi, C. G. Messina, I. Parolini, F. Lotti, G. Sette, C. Peschle, and R. De Maria, 2004, CD95 death-inducing signaling complex formation and internalization occur in lipid rafts of type I and type II cells: Eur J Immunol, v. 34, p. 1930-40.

Ernfors, P., K. F. Lee, and R. Jaenisch, 1994a, Mice lacking brain-derived neurotrophic factor develop with sensory deficits: Nature, v. 368, p. 147-50.

Ernfors, P., K. F. Lee, J. Kucera, and R. Jaenisch, 1994b, Lack of neurotrophin-3 leads to deficiencies in the peripheral nervous system and loss of limb proprioceptive afferents: Cell, v. 77, p. 503-12.

Esplin, E. D., P. Ramos, B. Martinez, G. E. Tomlinson, M. C. Mumby, and G. A. Evans, 2006, The glycine 90 to aspartate alteration in the Abeta subunit of PP2A (PPP2R1B) associates with breast cancer and causes a deficit in protein function: Genes Chromosomes Cancer, v. 45, p. 182-90.

Fanger, N. A., C. R. Maliszewski, K. Schooley, and T. S. Griffith, 1999, Human dendritic cells mediate cellular apoptosis via tumor necrosis factor-related apoptosis-inducing ligand (TRAIL): J Exp Med, v. 190, p. 1155-64.

Fazeli, A., S. L. Dickinson, M. L. Hermiston, R. V. Tighe, R. G. Steen, C. G. Small, E. T. Stoeckli, K. Keino-Masu, M. Masu, H. Rayburn, J. Simons, R. T. Bronson, J. I. Gordon, M. Tessier-Lavigne, and R. A. Weinberg, 1997, Phenotype of mice lacking functional Deleted in colorectal cancer (Dcc) gene: Nature, v. 386, p. 796-804.

Fitamant, J., C. Guenebeaud, M. M. Coissieux, C. Guix, I. Treilleux, J. Y. Scoazec, T. Bachelot, A. Bernet, and P. Mehlen, 2008, Netrin-1 expression confers a selective advantage for tumor cell survival in metastatic breast cancer: Proc Natl Acad Sci U S A, v. 105, p. 4850-5.

Foghsgaard, L., D. Wissing, D. Mauch, U. Lademann, L. Bastholm, M. Boes, F. Elling, M. Leist, and M. Jaattela, 2001, Cathepsin B acts as a dominant execution protease in tumor cell apoptosis induced by tumor necrosis factor: J Cell Biol, v. 153, p. 999-1010.

Forcet, C., E. Stein, L. Pays, V. Corset, F. Llambi, M. Tessier-Lavigne, and P. Mehlen, 2002, Netrin-1-mediated axon outgrowth requires deleted in colorectal cancer-dependent MAPK activation: Nature, v. 417, p. 443-7.

Franke, T. F., 2008, PI3K/Akt: getting it right matters: Oncogene, v. 27, p. 6473-88.

French, L. E., and J. Tschopp, 2003, Protein-based therapeutic approaches targeting death receptors: Cell Death Differ, v. 10, p. 117-23.

Fujita, Y., J. Taniguchi, M. Uchikawa, K. Endo, K. Hata, T. Kubo, B. K. Mueller, and T. Yamashita, 2008, Neogenin regulates neuronal survival through DAP kinase: Cell Death Differ, v. 15, p. 1593-608.

Furne, C., V. Corset, Z. Herincs, N. Cahuzac, A. O. Hueber, and P. Mehlen, 2006, The dependence receptor DCC requires lipid raft localization for cell death signaling: Proc Natl Acad Sci U S A, v. 103, p. 4128-33.

Furne, C., N. Rama, V. Corset, A. Chedotal, and P. Mehlen, 2008, Netrin-1 is a survival factor during commissural neuron navigation: Proc Natl Acad Sci U S A, v. 105, p. 14465-70.

Furne, C., J. Ricard, J. R. Cabrera, L. Pays, J. R. Bethea, P. Mehlen, and D. J. Liebl, 2009, EphrinB3 is an anti-apoptotic ligand that inhibits the dependence receptor functions of EphA4 receptors during adult neurogenesis: Biochim Biophys Acta, v. 1793, p. 231-8.

Gafni, J., X. Cong, S. F. Chen, B. W. Gibson, and L. M. Ellerby, 2009, Calpain-1 cleaves and activates caspase-7: J Biol Chem, v. 284, p. 25441-9.

Ganten, T. M., J. Sykora, R. Koschny, E. Batke, S. Aulmann, U. Mansmann, W. Stremmel, H. P. Sinn, and H. Walczak, 2009, Prognostic significance of tumour necrosis factor-related apoptosis-inducing ligand (TRAIL) receptor expression in patients with breast cancer: J Mol Med, v. 87, p. 995-1007.

Geisbrecht, B. V., K. A. Dowd, R. W. Barfield, P. A. Longo, and D. J. Leahy, 2003, Netrin binds discrete subdomains of DCC and UNC5 and mediates interactions between DCC and heparin: J Biol Chem, v. 278, p. 32561-8.

Giam, M., D. C. Huang, and P. Bouillet, 2008, BH3-only proteins and their roles in programmed cell death: Oncogene, v. 27 Suppl 1, p. S128-36.

Giles, F. J., M. O'Dwyer, and R. Swords, 2009, Class effects of tyrosine kinase inhibitors in the treatment of chronic myeloid leukemia: Leukemia, v. 23, p. 1698-707.

Gloire, G., E. Charlier, and J. Piette, 2008, Regulation of CD95/APO-1/Fas-induced apoptosis by protein phosphatases: Biochem Pharmacol, v. 76, p. 1451-8.

Gozuacik, D., S. Bialik, T. Raveh, G. Mitou, G. Shohat, H. Sabanay, N. Mizushima, T. Yoshimori, and A. Kimchi, 2008, DAP-kinase is a mediator of endoplasmic reticulum stress-induced caspase activation and autophagic cell death: Cell Death Differ, v. 15, p. 1875-86.

Graef, I. A., F. Wang, F. Charron, L. Chen, J. Neilson, M. Tessier-Lavigne, and G. R. Crabtree, 2003, Neurotrophins and netrins require calcineurin/NFAT signaling to stimulate outgrowth of embryonic axons: Cell, v. 113, p. 657-70.

Granci, V., F. Bibeau, A. Kramar, F. Boissiere-Michot, S. Thezenas, A. Thirion, C. Gongora, P. Martineau, M. Del Rio, and M. Ychou, 2008, Prognostic significance of TRAIL-R1 and TRAIL-R3 expression in metastatic colorectal carcinomas: Eur J Cancer, v. 44, p. 2312-8.

Griffith, T. S., S. R. Wiley, M. Z. Kubin, L. M. Sedger, C. R. Maliszewski, and N. A. Fanger, 1999, Monocyte-mediated tumoricidal activity via the tumor necrosis factor-related cytokine, TRAIL: J Exp Med, v. 189, p. 1343-54.

Grisham, M. B., 1999, NF-kappaB activation in acute pancreatitis: protective, detrimental, or inconsequential?: Gastroenterology, v. 116, p. 489-92.

Hakem, R., A. Hakem, G. S. Duncan, J. T. Henderson, M. Woo, M. S. Soengas, A. Elia, J. L. de la Pompa, D. Kagi, W. Khoo, J. Potter, R. Yoshida, S. A. Kaufman, S. W. Lowe, J. M. Penninger, and T. W. Mak, 1998, Differential requirement for caspase 9 in apoptotic pathways in vivo: Cell, v. 94, p. 339-52.

Hay, B. A., D. A. Wassarman, and G. M. Rubin, 1995, Drosophila homologs of baculovirus inhibitor of apoptosis proteins function to block cell death: Cell, v. 83, p. 1253-62.

162

Hedgecock, E. M., J. G. Culotti, and D. H. Hall, 1990, The unc-5, unc-6, and unc-40 genes guide circumferential migrations of pioneer axons and mesodermal cells on the epidermis in C. elegans: Neuron, v. 4, p. 61-85.

Hemmer, S., V. M. Wasenius, C. Haglund, Y. Zhu, S. Knuutila, K. Franssila, and H. Joensuu, 2002, Alterations in the suppressor gene PPP2R1B in parathyroid hyperplasias and adenomas: Cancer Genet Cytogenet, v. 134, p. 13-7.

Herincs, Z., V. Corset, N. Cahuzac, C. Furne, V. Castellani, A. O. Hueber, and P. Mehlen, 2005, DCC association with lipid rafts is required for netrin-1-mediated axon guidance: J Cell Sci, v. 118, p. 1687-92.

Hirsch, T., P. Marchetti, S. A. Susin, B. Dallaporta, N. Zamzami, I. Marzo, M. Geuskens, and G. Kroemer, 1997, The apoptosis-necrosis paradox. Apoptogenic proteases activated after mitochondrial permeability transition determine the mode of cell death: Oncogene, v. 15, p. 1573-81.

Holler, N., R. Zaru, O. Micheau, M. Thome, A. Attinger, S. Valitutti, J. L. Bodmer, P. Schneider, B. Seed, and J. Tschopp, 2000, Fas triggers an alternative, caspase-8-independent cell death pathway using the kinase RIP as effector molecule: Nat Immunol, v. 1, p. 489-95.

Holmstrom, T. H., I. Schmitz, T. S. Soderstrom, M. Poukkula, V. L. Johnson, S. C. Chow, P. H. Krammer, and J. E. Eriksson, 2000, MAPK/ERK signaling in activated T cells inhibits CD95/Fas-mediated apoptosis downstream of DISC assembly: Embo J, v. 19, p. 5418-28.

Holoch, P. A., and T. S. Griffith, 2009, TNF-related apoptosis-inducing ligand (TRAIL): A new path to anti-cancer therapies: Eur J Pharmacol.

Hong, K., L. Hinck, M. Nishiyama, M. M. Poo, M. Tessier-Lavigne, and E. Stein, 1999, A ligand-gated association between cytoplasmic domains of UNC5 and DCC family receptors converts netrin-induced growth cone attraction to repulsion: Cell, v. 97, p. 927-41.

Hoon, D. S., M. Spugnardi, C. Kuo, S. K. Huang, D. L. Morton, and B. Taback, 2004, Profiling epigenetic inactivation of tumor suppressor genes in tumors and plasma from cutaneous melanoma patients: Oncogene, v. 23, p. 4014-22.

Hur, J., D. W. Bell, K. L. Dean, K. R. Coser, P. C. Hilario, R. A. Okimoto, E. M. Tobey, S. L. Smith, K. J. Isselbacher, and T. Shioda, 2006, Regulation of expression of BIK proapoptotic protein in human breast cancer cells: p53-dependent induction of BIK mRNA by fulvestrant and proteasomal degradation of BIK protein: Cancer Res, v. 66, p. 10153-61.

Hurwitz, H., L. Fehrenbacher, W. Novotny, T. Cartwright, J. Hainsworth, W. Heim, J. Berlin, A. Baron, S. Griffing, E. Holmgren, N. Ferrara, G. Fyfe, B. Rogers, R. Ross, and F. Kabbinavar, 2004, Bevacizumab plus irinotecan, fluorouracil, and leucovorin for metastatic colorectal cancer: N Engl J Med, v. 350, p. 2335-42.

Irmler, M., M. Thome, M. Hahne, P. Schneider, K. Hofmann, V. Steiner, J. L. Bodmer, M. Schroter, K. Burns, C. Mattmann, D. Rimoldi, L. E. French, and J. Tschopp, 1997, Inhibition of death receptor signals by cellular FLIP: Nature, v. 388, p. 190-5.

Jeong, J. C., M. S. Kim, T. H. Kim, and Y. K. Kim, 2009, Kaempferol induces cell death through ERK and Akt-dependent down-regulation of XIAP and survivin in human glioma cells: Neurochem Res, v. 34, p. 991-1001.

Jia, W., C. Yu, M. Rahmani, G. Krystal, E. A. Sausville, P. Dent, and S. Grant, 2003, Synergistic antileukemic interactions between 17-AAG and UCN-01 involve interruption of RAF/MEK- and AKT-related pathways: Blood, v. 102, p. 1824-32.

163

Johansson, N., R. Ala-aho, V. Uitto, R. Grenman, N. E. Fusenig, C. Lopez-Otin, and V. M. Kahari, 2000, Expression of collagenase-3 (MMP-13) and collagenase-1 (MMP-1) by transformed keratinocytes is dependent on the activity of p38 mitogen-activated protein kinase: J Cell Sci, v. 113 Pt 2, p. 227-35.

Jones, K. L., and A. U. Buzdar, 2009, Evolving novel anti-HER2 strategies: Lancet Oncol, v. 10, p. 1179-87.

Jordan, B. W., D. Dinev, V. LeMellay, J. Troppmair, R. Gotz, L. Wixler, M. Sendtner, S. Ludwig, and U. R. Rapp, 2001, Neurotrophin receptor-interacting mage homologue is an inducible inhibitor of apoptosis protein-interacting protein that augments cell death: J Biol Chem, v. 276, p. 39985-9.

Jost, P. J., S. Grabow, D. Gray, M. D. McKenzie, U. Nachbur, D. C. Huang, P. Bouillet, H. E. Thomas, C. Borner, J. Silke, A. Strasser, and T. Kaufmann, 2009, XIAP discriminates between type I and type II FAS-induced apoptosis: Nature, v. 460, p. 1035-9.

Junttila, M. R., R. Ala-Aho, T. Jokilehto, J. Peltonen, M. Kallajoki, R. Grenman, P. Jaakkola, J. Westermarck, and V. M. Kahari, 2007a, p38alpha and p38delta mitogen-activated protein kinase isoforms regulate invasion and growth of head and neck squamous carcinoma cells: Oncogene, v. 26, p. 5267-79.

Junttila, M. R., S. P. Li, and J. Westermarck, 2008, Phosphatase-mediated crosstalk between MAPK signaling pathways in the regulation of cell survival: Faseb J, v. 22, p. 954-65.

Junttila, M. R., P. Puustinen, M. Niemela, R. Ahola, H. Arnold, T. Bottzauw, R. Ala-aho, C. Nielsen, J. Ivaska, Y. Taya, S. L. Lu, S. Lin, E. K. Chan, X. J. Wang, R. Grenman, J. Kast, T. Kallunki, R. Sears, V. M. Kahari, and J. Westermarck, 2007b, CIP2A inhibits PP2A in human malignancies: Cell, v. 130, p. 51-62.

Junttila, M. R., and J. Westermarck, 2008, Mechanisms of MYC stabilization in human malignancies: Cell Cycle, v. 7, p. 592-6.

Junttila, T. T., R. W. Akita, K. Parsons, C. Fields, G. D. Lewis Phillips, L. S. Friedman, D. Sampath, and M. X. Sliwkowski, 2009, Ligand-independent HER2/HER3/PI3K complex is disrupted by trastuzumab and is effectively inhibited by the PI3K inhibitor GDC-0941: Cancer Cell, v. 15, p. 429-40.

Kamata, H., S. Honda, S. Maeda, L. Chang, H. Hirata, and M. Karin, 2005, Reactive oxygen species promote TNFalpha-induced death and sustained JNK activation by inhibiting MAP kinase phosphatases: Cell, v. 120, p. 649-61.

Kaufmann, S., S. Kuphal, T. Schubert, and A. K. Bosserhoff, 2009, Functional implication of Netrin expression in malignant melanoma: Cell Oncol, v. 31, p. 415-22.

Kaufmann, T., L. Tai, P. G. Ekert, D. C. Huang, F. Norris, R. K. Lindemann, R. W. Johnstone, V. M. Dixit, and A. Strasser, 2007, The BH3-only protein bid is dispensable for DNA damage- and replicative stress-induced apoptosis or cell-cycle arrest: Cell, v. 129, p. 423-33.

Keino-Masu, K., M. Masu, L. Hinck, E. D. Leonardo, S. S. Chan, J. G. Culotti, and M. Tessier-Lavigne, 1996, Deleted in Colorectal Cancer (DCC) encodes a netrin receptor: Cell, v. 87, p. 175-85.

Kendall, S. E., C. Battelli, S. Irwin, J. G. Mitchell, C. A. Glackin, and J. M. Verdi, 2005, NRAGE mediates p38 activation and neural progenitor apoptosis via the bone morphogenetic protein signaling cascade: Mol Cell Biol, v. 25, p. 7711-24.

Khanna, A., C. Bockelman, A. Hemmes, M. R. Junttila, J. P. Wiksten, M. Lundin, S. Junnila, D. J. Murphy, G. I. Evan, C. Haglund, J. Westermarck, and A. Ristimaki, 2009, MYC-dependent regulation and prognostic role of CIP2A in gastric cancer: J Natl Cancer Inst, v. 101, p. 793-805.

Kline, M. P., S. V. Rajkumar, M. M. Timm, T. K. Kimlinger, J. L. Haug, J. A. Lust, P. R. Greipp, and S. Kumar, 2008, R-(-)-gossypol (AT-101) activates programmed cell death in multiple myeloma cells: Exp Hematol, v. 36, p. 568-76.

Krepela, E., P. Dankova, E. Moravcikova, A. Krepelova, J. Prochazka, J. Cermak, J. Schutzner, P. Zatloukal, and K. Benkova, 2009, Increased expression of inhibitor of apoptosis proteins, survivin and XIAP, in non-small cell lung carcinoma: Int J Oncol, v. 35, p. 1449-62.

Krueger, A., I. Schmitz, S. Baumann, P. H. Krammer, and S. Kirchhoff, 2001, Cellular FLICE-inhibitory protein splice variants inhibit different steps of caspase-8 activation at the CD95 death-inducing signaling complex: J Biol Chem, v. 276, p. 20633-40.

Kruger, R. P., J. Lee, W. Li, and K. L. Guan, 2004, Mapping netrin receptor binding reveals domains of Unc5 regulating its tyrosine phosphorylation: J Neurosci, v. 24, p. 10826-34.

Krumschnabel, G., C. Manzl, and A. Villunger, 2009, Caspase-2: killer, savior and safeguard--emerging versatile roles for an ill-defined caspase: Oncogene, v. 28, p. 3093-6.

Kurokawa, M., and S. Kornbluth, 2009, Caspases and kinases in a death grip: Cell, v. 138, p. 838-54.

LA, O. R., L. Tai, L. Lee, E. A. Kruse, S. Grabow, W. D. Fairlie, N. M. Haynes, D. M. Tarlinton, J. G. Zhang, G. T. Belz, M. J. Smyth, P. Bouillet, L. Robb, and A. Strasser, 2009, Membrane-bound Fas ligand only is essential for Fas-induced apoptosis: Nature, v. 461, p. 659-63.

LaFevre-Bernt, M. A., and L. M. Ellerby, 2003, Kennedy's disease. Phosphorylation of the polyglutamine-expanded form of androgen receptor regulates its cleavage by caspase-3 and enhances cell death: J Biol Chem, v. 278, p. 34918-24.

Lanneau, D., A. de Thonel, S. Maurel, C. Didelot, and C. Garrido, 2007, Apoptosis versus cell differentiation: role of heat shock proteins HSP90, HSP70 and HSP27: Prion, v. 1, p. 53-60.

Lavrik, I., A. Golks, and P. H. Krammer, 2005, Death receptor signaling: J Cell Sci, v. 118, p. 265-7.

Lee, H. H., A. Norris, J. B. Weiss, and M. Frasch, 2003, Jelly belly protein activates the receptor tyrosine kinase Alk to specify visceral muscle pioneers: Nature, v. 425, p. 507-12.

Legge, K. L., and T. J. Braciale, 2005, Lymph node dendritic cells control CD8+ T cell responses through regulated FasL expression: Immunity, v. 23, p. 649-59.

Leone, A. M., M. Errico, S. L. Lin, and D. S. Cowen, 2000, Activation of extracellular signal-regulated kinase (ERK) and Akt by human serotonin 5-HT(1B) receptors in transfected BE(2)-C neuroblastoma cells is inhibited by RGS4: J Neurochem, v. 75, p. 934-8.

Li, K., Y. Li, J. M. Shelton, J. A. Richardson, E. Spencer, Z. J. Chen, X. Wang, and R. S. Williams, 2000, Cytochrome c deficiency causes embryonic lethality and attenuates stress-induced apoptosis: Cell, v. 101, p. 389-99.

Li, L. Y., X. Luo, and X. Wang, 2001, Endonuclease G is an apoptotic DNase when released from mitochondria: Nature, v. 412, p. 95-9.

Li, S., L. Wang, M. A. Berman, Y. Zhang, and M. E. Dorf, 2006a, RNAi screen in mouse astrocytes identifies phosphatases that regulate NF-kappaB signaling: Mol Cell, v. 24, p. 497-509.

Li, W., J. Aurandt, C. Jurgensen, Y. Rao, and K. L. Guan, 2006b, FAK and Src kinases are required for netrin-induced tyrosine phosphorylation of UNC5: J Cell Sci, v. 119, p. 47-55.

Li, X., M. Meriane, I. Triki, M. Shekarabi, T. E. Kennedy, L. Larose, and N. Lamarche-Vane, 2002, The adaptor protein Nck-1 couples the netrin-1 receptor DCC (deleted in colorectal cancer) to the activation of the small GTPase Rac1 through an atypical mechanism: J Biol Chem, v. 277, p. 37788-97.

Link, B. C., U. Reichelt, M. Schreiber, J. T. Kaifi, R. Wachowiak, D. Bogoevski, M. Bubenheim, G. Cataldegirmen, K. A. Gawad, R. Issa, S. Koops, J. R. Izbicki, and E. F. Yekebas, 2007, Prognostic implications of netrin-1 expression and its receptors in patients with adenocarcinoma of the pancreas: Ann Surg Oncol, v. 14, p. 2591-9.

Liu, G., W. Li, X. Gao, X. Li, C. Jurgensen, H. T. Park, N. Y. Shin, J. Yu, M. L. He, S. K. Hanks, J. Y. Wu, K. L. Guan, and Y. Rao, 2007, p130CAS is required for netrin signaling and commissural axon guidance: J Neurosci, v. 27, p. 957-68.

Liu, G., W. Li, L. Wang, A. Kar, K. L. Guan, Y. Rao, and J. Y. Wu, 2009, DSCAM functions as a netrin receptor in commissural axon pathfinding: Proc Natl Acad Sci U S A, v. 106, p. 2951-6.

Liu, J., F. Yao, R. Wu, M. Morgan, A. Thorburn, R. L. Finley, Jr., and Y. Q. Chen, 2002, Mediation of the DCC apoptotic signal by DIP13 alpha: J Biol Chem, v. 277, p. 26281-5.

Liu, Y., E. Stein, T. Oliver, Y. Li, W. J. Brunken, M. Koch, M. Tessier-Lavigne, and B. L. Hogan, 2004, Novel role for Netrins in regulating epithelial behavior during lung branching morphogenesis: Curr Biol, v. 14, p. 897-905.

Llambi, F., F. Causeret, E. Bloch-Gallego, and P. Mehlen, 2001, Netrin-1 acts as a survival factor via its receptors UNC5H and DCC: Embo J, v. 20, p. 2715-22.

Llambi, F., F. C. Lourenco, D. Gozuacik, C. Guix, L. Pays, G. Del Rio, A. Kimchi, and P. Mehlen, 2005, The dependence receptor UNC5H2 mediates apoptosis through DAP-kinase: Embo J, v. 24, p. 1192-201.

Lomonosova, E., and G. Chinnadurai, 2008, BH3-only proteins in apoptosis and beyond: an overview: Oncogene, v. 27 Suppl 1, p. S2-19.

Lorenzo, H. K., S. A. Susin, J. Penninger, and G. Kroemer, 1999, Apoptosis inducing factor (AIF): a phylogenetically old, caspase-independent effector of cell death: Cell Death Differ, v. 6, p. 516-24.

Lotocki, G., O. F. Alonso, W. D. Dietrich, and R. W. Keane, 2004, Tumor necrosis factor receptor 1 and its signaling intermediates are recruited to lipid rafts in the traumatized brain: J Neurosci, v. 24, p. 11010-6.

Lourenco, F. C., V. Galvan, J. Fombonne, V. Corset, F. Llambi, U. Muller, D. E. Bredesen, and P. Mehlen, 2009, Netrin-1 interacts with amyloid precursor protein and regulates amyloid-beta production: Cell Death Differ.

Lovell, J. F., L. P. Billen, S. Bindner, A. Shamas-Din, C. Fradin, B. Leber, and D. W. Andrews, 2008, Membrane binding by tBid initiates an ordered series of events culminating in membrane permeabilization by Bax: Cell, v. 135, p. 1074-84.

Lowenfels, A. B., P. Maisonneuve, G. Cavallini, R. W. Ammann, P. G. Lankisch, J. R. Andersen, E. P. Dimagno, A. Andren-Sandberg, and L. Domellof, 1993, Pancreatitis and the risk of pancreatic cancer. International Pancreatitis Study Group: N Engl J Med, v. 328, p. 1433-7.

Ly, A., A. Nikolaev, G. Suresh, Y. Zheng, M. Tessier-Lavigne, and E. Stein, 2008, DSCAM is a netrin receptor that collaborates with DCC in mediating turning responses to netrin-1: Cell, v. 133, p. 1241-54.

Madeo, A., M. Vinciguerra, R. Lappano, M. Galgani, A. G. Campani, M. Maggiolini, and A. M. Musti, 2009, c-Jun activation is required for 4-hydroxytamoxifen-induced cell death in breast cancer cells: Oncogene.

Maisse, C., A. Rossin, N. Cahuzac, A. Paradisi, C. Klein, M. L. Haillot, Z. Herincs, P. Mehlen, and A. O. Hueber, 2008, Lipid raft localization and palmitoylation: identification of two requirements for cell death induction by the tumor suppressors UNC5H: Exp Cell Res, v. 314, p. 2544-52.

Mancini, M., and A. Toker, 2009, NFAT proteins: emerging roles in cancer progression: Nat Rev Cancer, v. 9, p. 810-20.

Manzl, C., G. Krumschnabel, F. Bock, B. Sohm, V. Labi, F. Baumgartner, E. Logette, J. Tschopp, and A. Villunger, 2009, Caspase-2 activation in the absence of PIDDosome formation: J Cell Biol, v. 185, p. 291-303.

Marini, P., D. Junginger, S. Stickl, W. Budach, M. Niyazi, and C. Belka, 2009, Combined treatment with lexatumumab and irradiation leads to strongly increased long term tumour control under normoxic and hypoxic conditions: Radiat Oncol, v. 4, p. 49.

Martin, M., P. Simon-Assmann, M. Kedinger, M. Martin, P. Mangeat, F. X. Real, and M. Fabre, 2006, DCC regulates cell adhesion in human colon cancer derived HT-29 cells and associates with ezrin: Eur J Cell Biol, v. 85, p. 769-83.

Matsunaga, E., S. Tauszig-Delamasure, P. P. Monnier, B. K. Mueller, S. M. Strittmatter, P. Mehlen, and A. Chedotal, 2004, RGM and its receptor neogenin regulate neuronal survival: Nat Cell Biol, v. 6, p. 749-55.

Mazelin, L., A. Bernet, C. Bonod-Bidaud, L. Pays, S. Arnaud, C. Gespach, D. E. Bredesen, J. Y. Scoazec, and P. Mehlen, 2004, Netrin-1 controls colorectal tumorigenesis by regulating apoptosis: Nature, v. 431, p. 80-4.

McKenna, W. L., C. Wong-Staal, G. C. Kim, H. Macias, L. Hinck, and J. L. Bartoe, 2008, Netrin-1-independent adenosine A2b receptor activation regulates the response of axons to netrin-1 by controlling cell surface levels of UNC5A receptors: J Neurochem, v. 104, p. 1081-90.

McKenzie, M. D., E. M. Carrington, T. Kaufmann, A. Strasser, D. C. Huang, T. W. Kay, J. Allison, and H. E. Thomas, 2008, Proapoptotic BH3-only protein Bid is essential for death receptor-induced apoptosis of pancreatic beta-cells: Diabetes, v. 57, p. 1284-92.

Mehlen, P., 2005, The dependence receptor notion: another way to see death: Cell Death Differ, v. 12, p. 1003.

Mehlen, P., and C. Furne, 2005, Netrin-1: when a neuronal guidance cue turns out to be a regulator of tumorigenesis: Cell Mol Life Sci, v. 62, p. 2599-616.

Mehlen, P., and C. Guenebeaud, 2009, Netrin-1 and its dependence receptors as original targets for cancer therapy: Curr Opin Oncol.

Mehlen, P., S. Rabizadeh, S. J. Snipas, N. Assa-Munt, G. S. Salvesen, and D. E. Bredesen, 1998, The DCC gene product induces apoptosis by a mechanism requiring receptor proteolysis: Nature, v. 395, p. 801-4.

Merino, D., N. Lalaoui, A. Morizot, P. Schneider, E. Solary, and O. Micheau, 2006, Differential inhibition of TRAIL-mediated DR5-DISC formation by decoy receptors 1 and 2: Mol Cell Biol, v. 26, p. 7046-55.

Micheau, O., M. Thome, P. Schneider, N. Holler, J. Tschopp, D. W. Nicholson, C. Briand, and M. G. Grutter, 2002, The long form of FLIP is an activator of caspase-8 at the Fas death-inducing signaling complex: J Biol Chem, v. 277, p. 45162-71.

Micheau, O., and J. Tschopp, 2003, Induction of TNF receptor I-mediated apoptosis via two sequential signaling complexes: Cell, v. 114, p. 181-90.

Migone, T. S., J. Zhang, X. Luo, L. Zhuang, C. Chen, B. Hu, J. S. Hong, J. W. Perry, S. F. Chen, J. X. Zhou, Y. H. Cho, S. Ullrich, P. Kanakaraj, J. Carrell, E. Boyd, H. S. Olsen, G. Hu, L. Pukac, D. Liu, J. Ni, S. Kim, R. Gentz, P. Feng, P. A. Moore, S. M. Ruben, and P. Wei, 2002, TL1A is a TNF-like ligand for DR3 and TR6/DcR3 and functions as a T cell costimulator: Immunity, v. 16, p. 479-92.

Mille F, G. C., Llambi F, Delloye-Bourgeois C, Guenebeaud C, Castro-Obregon S, Bredesen D, Thibert C, Mehlen P, 2009, Interfering with multimerization of netrin-1 receptors triggers tumor cell death: Cell Death Differ.

Mille, F., F. Llambi, C. Guix, C. Delloye-Bourgeois, C. Guenebeaud, S. Castro-Obregon, D. E. Bredesen, C. Thibert, and P. Mehlen, 2009a, Interfering with multimerization of netrin-1 receptors triggers tumor cell death: Cell Death Differ, v. 16, p. 1344-51.

Mille, F., C. Thibert, J. Fombonne, N. Rama, C. Guix, H. Hayashi, V. Corset, J. C. Reed, and P. Mehlen, 2009b, The Patched dependence receptor triggers apoptosis through a DRAL-caspase-9 complex: Nat Cell Biol, v. 11, p. 739-46.

Miller, K., M. Wang, J. Gralow, M. Dickler, M. Cobleigh, E. A. Perez, T. Shenkier, D. Cella, and N. E. Davidson, 2007, Paclitaxel plus bevacizumab versus paclitaxel alone for metastatic breast cancer: N Engl J Med, v. 357, p. 2666-76.

Mittag, F., D. Kuester, A. Vieth, B. Peters, B. Stolte, A. Roessner, and R. Schneider-Stock, 2006, DAPK promotor methylation is an early event in colorectal carcinogenesis: Cancer Lett, v. 240, p. 69-75.

Mourali, J., A. Benard, F. C. Lourenco, C. Monnet, C. Greenland, C. Moog-Lutz, C. Racaud-Sultan, D. Gonzalez-Dunia, M. Vigny, P. Mehlen, G. Delsol, and M. Allouche, 2006, Anaplastic lymphoma kinase is a dependence receptor whose proapoptotic functions are activated by caspase cleavage: Mol Cell Biol, v. 26, p. 6209-22.

Mumby, M., 2007, PP2A: unveiling a reluctant tumor suppressor: Cell, v. 130, p. 21-4.

Muramatsu, R., S. Nakahara, J. Ichikawa, K. Watanabe, N. Matsuki, and R. Koyama, 2009, The ratio of 'deleted in colorectal cancer' to 'uncoordinated-5A' netrin-1 receptors on the growth cone regulates mossy fibre directionality: Brain.

Nagata, S., 1996, Fas-induced apoptosis, and diseases caused by its abnormality: Genes Cells, v. 1, p. 873-9.

Nagata, Y., K. H. Lan, X. Zhou, M. Tan, F. J. Esteva, A. A. Sahin, K. S. Klos, P. Li, B. P. Monia, N. T. Nguyen, G. N. Hortobagyi, M. C. Hung, and D. Yu, 2004, PTEN activation contributes to tumor inhibition by trastuzumab, and loss of PTEN predicts trastuzumab resistance in patients: Cancer Cell, v. 6, p. 117-27.

Naumann, T., E. Casademunt, E. Hollerbach, J. Hofmann, G. Dechant, M. Frotscher, and Y. A. Barde, 2002, Complete deletion of the neurotrophin receptor p75NTR leads to long-lasting increases in the number of basal forebrain cholinergic neurons: J Neurosci, v. 22, p. 2409-18.

Navankasattusas, S., K. J. Whitehead, A. Suli, L. K. Sorensen, A. H. Lim, J. Zhao, K. W. Park, J. D. Wythe, K. R. Thomas, C. B. Chien, and D. Y. Li, 2008, The netrin receptor UNC5B promotes angiogenesis in specific vascular beds: Development, v. 135, p. 659-67.

Nguyen, A., and H. Cai, 2006, Netrin-1 induces angiogenesis via a DCC-dependent ERK1/2-eNOS feed-forward mechanism: Proc Natl Acad Sci U S A, v. 103, p. 6530-5.

Nikolaev, A., T. McLaughlin, D. D. O'Leary, and M. Tessier-Lavigne, 2009, APP binds DR6 to trigger axon pruning and neuron death via distinct caspases: Nature, v. 457, p. 981-9.

Nishiyama, M., A. Hoshino, L. Tsai, J. R. Henley, Y. Goshima, M. Tessier-Lavigne, M. M. Poo, and K. Hong, 2003, Cyclic AMP/GMP-dependent modulation of Ca2+ channels sets the polarity of nerve growth-cone turning: Nature, v. 423, p. 990-5.

O'Brien, S. M., D. F. Claxton, M. Crump, S. Faderl, T. Kipps, M. J. Keating, J. Viallet, and B. D. Cheson, 2009, Phase I study of obatoclax mesylate (GX15-070), a small molecule pan-Bcl-2 family antagonist, in patients with advanced chronic lymphocytic leukemia: Blood, v. 113, p. 299-305.

Olsson, M., H. Vakifahmetoglu, P. M. Abruzzo, K. Hogstrand, A. Grandien, and B. Zhivotovsky, 2009, DISC-mediated activation of caspase-2 in DNA damage-induced apoptosis: Oncogene, v. 28, p. 1949-59.

Ory, S., M. Zhou, T. P. Conrads, T. D. Veenstra, and D. K. Morrison, 2003, Protein phosphatase 2A positively regulates Ras signaling by dephosphorylating KSR1 and Raf-1 on critical 14-3-3 binding sites: Curr Biol, v. 13, p. 1356-64.

Paradisi, A., C. Maisse, A. Bernet, M. M. Coissieux, M. Maccarrone, J. Y. Scoazec, and P. Mehlen, 2008, NF-kappaB regulates netrin-1 expression and affects the conditional tumor suppressive activity of the netrin-1 receptors: Gastroenterology, v. 135, p. 1248-57.

Paradisi, A., C. Maisse, M. M. Coissieux, N. Gadot, F. Lepinasse, C. Delloye-Bourgeois, J. G. Delcros, M. Svrcek, C. Neufert, J. F. Flejou, J. Y. Scoazec, and P. Mehlen, 2009, Netrin-1 up-regulation in inflammatory bowel diseases is required for colorectal cancer progression: Proc Natl Acad Sci U S A, v. 106, p. 17146-51.

Park, K. W., D. Crouse, M. Lee, S. K. Karnik, L. K. Sorensen, K. J. Murphy, C. J. Kuo, and D. Y. Li, 2004a, The axonal attractant Netrin-1 is an angiogenic factor: Proc Natl Acad Sci U S A, v. 101, p. 16210-5.

Park, M. Y., H. D. Jang, S. Y. Lee, K. J. Lee, and E. Kim, 2004b, Fas-associated factor-1 inhibits nuclear factor-kappaB (NF-kappaB) activity by interfering with nuclear translocation of the RelA (p65) subunit of NF-kappaB: J Biol Chem, v. 279, p. 2544-9.

Perrotta, C., C. De Palma, S. Falcone, C. Sciorati, and E. Clementi, 2005, Nitric oxide, ceramide and sphingomyelinase-coupled receptors: a tale of enzymes and messengers coordinating cell death, survival and differentiation: Life Sci, v. 77, p. 1732-9.

Peter, M. E., and P. H. Krammer, 2003, The CD95(APO-1/Fas) DISC and beyond: Cell Death Differ, v. 10, p. 26-35.

Picard, M., R. J. Petrie, J. Antoine-Bertrand, E. Saint-Cyr-Proulx, J. F. Villemure, and N. Lamarche-Vane, 2009, Spatial and temporal activation of the small GTPases RhoA and Rac1 by the netrin-1 receptor UNC5a during neurite outgrowth: Cell Signal, v. 21, p. 1961-73.

Pop, C., and G. S. Salvesen, 2009, Human caspases: activation, specificity, and regulation: J Biol Chem, v. 284, p. 21777-81.

Powell, A. W., T. Sassa, Y. Wu, M. Tessier-Lavigne, and F. Polleux, 2008, Topography of thalamic projections requires attractive and repulsive functions of Netrin-1 in the ventral telencephalon: PLoS Biol, v. 6, p. e116.

Pratt, M. R., M. D. Sekedat, K. P. Chiang, and T. W. Muir, 2009, Direct measurement of cathepsin B activity in the cytosol of apoptotic cells by an activity-based probe: Chem Biol, v. 16, p. 1001-12.

Pulling, L. C., M. J. Grimes, L. A. Damiani, D. E. Juri, K. Do, C. S. Tellez, and S. A. Belinsky, 2009, Dual promoter regulation of death-associated protein kinase gene leads to differentially silenced transcripts by methylation in cancer: Carcinogenesis, v. 30, p. 2023-30.

Rabizadeh, S., J. Oh, L. T. Zhong, J. Yang, C. M. Bitler, L. L. Butcher, and D. E. Bredesen, 1993, Induction of apoptosis by the low-affinity NGF receptor: Science, v. 261, p. 345-8.

Rahnama, F., T. Shimokawa, M. Lauth, C. Finta, P. Kogerman, S. Teglund, R. Toftgard, and P. G. Zaphiropoulos, 2006, Inhibition of GLI1 gene activation by Patched1: Biochem J, v. 394, p. 19-26.

Rajasekharan, S., K. A. Baker, K. E. Horn, A. A. Jarjour, J. P. Antel, and T. E. Kennedy, 2009, Netrin 1 and Dcc regulate oligodendrocyte process branching and membrane extension via Fyn and RhoA: Development, v. 136, p. 415-26.

Raveh, T., G. Droguett, M. S. Horwitz, R. A. DePinho, and A. Kimchi, 2001, DAP kinase activates a p19ARF/p53-mediated apoptotic checkpoint to suppress oncogenic transformation: Nat Cell Biol, v. 3, p. 1-7.

Ren, X. R., Y. Hong, Z. Feng, H. M. Yang, L. Mei, and W. C. Xiong, 2008, Tyrosine phosphorylation of netrin receptors in netrin-1 signaling: Neurosignals, v. 16, p. 235-45.

Ren, X. R., G. L. Ming, Y. Xie, Y. Hong, D. M. Sun, Z. Q. Zhao, Z. Feng, Q. Wang, S. Shim, Z. F. Chen, H. J. Song, L. Mei, and W. C. Xiong, 2004, Focal adhesion kinase in netrin-1 signaling: Nat Neurosci, v. 7, p. 1204-12.

Ribeil, J. A., Y. Zermati, J. Vandekerckhove, S. Cathelin, J. Kersual, M. Dussiot, S. Coulon, I. C. Moura, A. Zeuner, T. Kirkegaard-Sorensen, B. Varet, E. Solary, C. Garrido, and O. Hermine, 2007, Hsp70 regulates erythropoiesis by preventing caspase-3-mediated cleavage of GATA-1: Nature, v. 445, p. 102-5.

Rosenberger, P., J. M. Schwab, V. Mirakaj, E. Masekowsky, A. Mager, J. C. Morote-Garcia, K. Unertl, and H. K. Eltzschig, 2009, Hypoxia-inducible factor-dependent induction of netrin-1 dampens inflammation caused by hypoxia: Nat Immunol, v. 10, p. 195-202.

Rossin, A., M. Derouet, F. Abdel-Sater, and A. O. Hueber, 2009, Palmitoylation of the TRAIL receptor DR4 confers an efficient TRAIL-induced cell death signalling: Biochem J, v. 419, p. 185-92, 2 p following 192.

Ryu, S. W., S. J. Lee, M. Y. Park, J. I. Jun, Y. K. Jung, and E. Kim, 2003, Fas-associated factor 1, FAF1, is a member of Fas death-inducing signaling complex: J Biol Chem, v. 278, p. 24003-10.

Sablina, A. A., W. Chen, J. D. Arroyo, L. Corral, M. Hector, S. E. Bulmer, J. A. DeCaprio, and W. C. Hahn, 2007, The tumor suppressor PP2A Abeta regulates the RalA GTPase: Cell, v. 129, p. 969-82.

Salehi, A. H., P. P. Roux, C. J. Kubu, C. Zeindler, A. Bhakar, L. L. Tannis, J. M. Verdi, and P. A. Barker, 2000, NRAGE, a novel MAGE protein, interacts with the p75 neurotrophin receptor and facilitates nerve growth factor-dependent apoptosis: Neuron, v. 27, p. 279-88.

Salehi, A. H., S. Xanthoudakis, and P. A. Barker, 2002, NRAGE, a p75 neurotrophin receptor-interacting protein, induces caspase activation and cell death through a JNK-dependent mitochondrial pathway: J Biol Chem, v. 277, p. 48043-50.

Salminen, M., B. I. Meyer, E. Bober, and P. Gruss, 2000, Netrin 1 is required for semicircular canal formation in the mouse inner ear: Development, v. 127, p. 13-22.

Salvesen, G. S., and C. S. Duckett, 2002, IAP proteins: blocking the road to death's door: Nat Rev Mol Cell Biol, v. 3, p. 401-10.

Sanlioglu, A. D., B. Karacay, I. T. Koksal, T. S. Griffith, and S. Sanlioglu, 2007, DcR2 (TRAIL-R4) siRNA and adenovirus delivery of TRAIL (Ad5hTRAIL) break down in vitro tumorigenic potential of prostate carcinoma cells: Cancer Gene Ther, v. 14, p. 976-84.

Scaffidi, C., S. Fulda, A. Srinivasan, C. Friesen, F. Li, K. J. Tomaselli, K. M. Debatin, P. H. Krammer, and M. E. Peter, 1998, Two CD95 (APO-1/Fas) signaling pathways: Embo J, v. 17, p. 1675-87.

Schimmer, A. D., S. O'Brien, H. Kantarjian, J. Brandwein, B. D. Cheson, M. D. Minden, K. Yee, F. Ravandi, F. Giles, A. Schuh, V. Gupta, M. Andreeff, C. Koller, H. Chang, S. Kamel-Reid, M. Berger, J. Viallet, and G. Borthakur, 2008, A phase I study of the pan bcl-2 family inhibitor obatoclax mesylate in patients with advanced hematologic malignancies: Clin Cancer Res, v. 14, p. 8295-301.

Schraven, B., and M. E. Peter, 1995, APO-1(CD95)-mediated apoptosis in Jurkat cells does not involve src kinases or CD45: FEBS Lett, v. 368, p. 491-4.

Schubert, T., S. Kaufmann, A. K. Wenke, S. Grassel, and A. K. Bosserhoff, 2009, Role of deleted in colon carcinoma in osteoarthritis and in chondrocyte migration: Rheumatology (Oxford), v. 48, p. 1435-41.

Schulte, M., K. Reiss, M. Lettau, T. Maretzky, A. Ludwig, D. Hartmann, B. de Strooper, O. Janssen, and P. Saftig, 2007, ADAM10 regulates FasL cell surface expression and modulates FasL-induced cytotoxicity and activation-induced cell death: Cell Death Differ, v. 14, p. 1040-9.

Sedel, F., C. Bechade, and A. Triller, 1999, Nerve growth factor (NGF) induces motoneuron apoptosis in rat embryonic spinal cord in vitro: Eur J Neurosci, v. 11, p. 3904-12.

Serafini, T., S. A. Colamarino, E. D. Leonardo, H. Wang, R. Beddington, W. C. Skarnes, and M. Tessier-Lavigne, 1996, Netrin-1 is required for commissural axon guidance in the developing vertebrate nervous system: Cell, v. 87, p. 1001-14.

Serafini, T., T. E. Kennedy, M. J. Galko, C. Mirzayan, T. M. Jessell, and M. Tessier-Lavigne, 1994, The netrins define a family of axon outgrowth-promoting proteins homologous to C. elegans UNC-6: Cell, v. 78, p. 409-24.

Sheikh, M. S., Y. Huang, E. A. Fernandez-Salas, W. S. El-Deiry, H. Friess, S. Amundson, J. Yin, S. J. Meltzer, N. J. Holbrook, and A. J. Fornace, Jr., 1999, The antiapoptotic decoy receptor TRID/TRAIL-R3 is a p53-regulated DNA damage-inducible gene that is overexpressed in primary tumors of the gastrointestinal tract: Oncogene, v. 18, p. 4153-9.

Shekarabi, M., S. W. Moore, N. X. Tritsch, S. J. Morris, J. F. Bouchard, and T. E. Kennedy, 2005, Deleted in colorectal cancer binding netrin-1 mediates cell substrate adhesion and recruits Cdc42, Rac1, Pak1, and N-WASP into an intracellular signaling complex that promotes growth cone expansion: J Neurosci, v. 25, p. 3132-41.

Sheridan, J. P., S. A. Marsters, R. M. Pitti, A. Gurney, M. Skubatch, D. Baldwin, L. Ramakrishnan, C. L. Gray, K. Baker, W. I. Wood, A. D. Goddard, P. Godowski, and A. Ashkenazi, 1997, Control of TRAIL-induced apoptosis by a family of signaling and decoy receptors: Science, v. 277, p. 818-21.

Shi, M., C. J. Vivian, K. J. Lee, C. Ge, K. Morotomi-Yano, C. Manzl, F. Bock, S. Sato, C. Tomomori-Sato, R. Zhu, J. S. Haug, S. K. Swanson, M. P. Washburn, D. J. Chen, B. P. Chen, A. Villunger, L. Florens, and C. Du, 2009, DNA-PKcs-PIDDosome: a nuclear caspase-2-activating complex with role in G2/M checkpoint maintenance: Cell, v. 136, p. 508-20.

Shibue, T., S. Suzuki, H. Okamoto, H. Yoshida, Y. Ohba, A. Takaoka, and T. Taniguchi, 2006, Differential contribution of Puma and Noxa in dual regulation of p53-mediated apoptotic pathways: Embo J, v. 25, p. 4952-62.

Shimazu, T., K. Degenhardt, E. K. A. Nur, J. Zhang, T. Yoshida, Y. Zhang, R. Mathew, E. White, and M. Inouye, 2007, NBK/BIK antagonizes MCL-1 and BCL-XL and activates BAK-mediated apoptosis in response to protein synthesis inhibition: Genes Dev, v. 21, p. 929-41.

Shin, S., B. J. Sung, Y. S. Cho, H. J. Kim, N. C. Ha, J. I. Hwang, C. W. Chung, Y. K. Jung, and B. H. Oh, 2001, An anti-apoptotic protein human survivin is a direct inhibitor of caspase-3 and -7: Biochemistry, v. 40, p. 1117-23.

Shin, S. K., T. Nagasaka, B. H. Jung, N. Matsubara, W. H. Kim, J. M. Carethers, C. R. Boland, and A. Goel, 2007, Epigenetic and genetic alterations in Netrin-1 receptors UNC5C and DCC in human colon cancer: Gastroenterology, v. 133, p. 1849-57.

Shohat, G., G. Shani, M. Eisenstein, and A. Kimchi, 2002a, The DAP-kinase family of proteins: study of a novel group of calcium-regulated death-promoting kinases: Biochim Biophys Acta, v. 1600, p. 45-50.

Shohat, G., T. Spivak-Kroizman, M. Eisenstein, and A. Kimchi, 2002b, The regulation of death-associated protein (DAP) kinase in apoptosis: Eur Cytokine Netw, v. 13, p. 398-400.

Shu, H. B., D. R. Halpin, and D. V. Goeddel, 1997, Casper is a FADD- and caspase-related inducer of apoptosis: Immunity, v. 6, p. 751-63.

Singh, R. K., T. S. Lange, K. K. Kim, and L. Brard, 2009, A coumarin derivative (RKS262) inhibits cell-cycle progression, causes pro-apoptotic signaling and cytotoxicity in ovarian cancer cells: Invest New Drugs.

Snyder, C. M., E. H. Shroff, J. Liu, and N. S. Chandel, 2009, Nitric oxide induces cell death by regulating anti-apoptotic BCL-2 family members: PLoS One, v. 4, p. e7059.

Srinivasan, K., P. Strickland, A. Valdes, G. C. Shin, and L. Hinck, 2003, Netrin-1/neogenin interaction stabilizes multipotent progenitor cap cells during mammary gland morphogenesis: Dev Cell, v. 4, p. 371-82.

Srinivasula, S. M., R. Hegde, A. Saleh, P. Datta, E. Shiozaki, J. Chai, R. A. Lee, P. D. Robbins, T. Fernandes-Alnemri, Y. Shi, and E. S. Alnemri, 2001, A conserved XIAP-interaction motif in caspase-9 and Smac/DIABLO regulates caspase activity and apoptosis: Nature, v. 410, p. 112-6.

Stanco, A., C. Szekeres, N. Patel, S. Rao, K. Campbell, J. A. Kreidberg, F. Polleux, and E. S. Anton, 2009, Netrin-1-alpha3beta1 integrin interactions regulate the migration of interneurons through the cortical marginal zone: Proc Natl Acad Sci U S A, v. 106, p. 7595-600.

Stapleton, D., I. Balan, T. Pawson, and F. Sicheri, 1999, The crystal structure of an Eph receptor SAM domain reveals a mechanism for modular dimerization: Nat Struct Biol, v. 6, p. 44-9.

Stein, E., and M. Tessier-Lavigne, 2001, Hierarchical organization of guidance receptors: silencing of netrin attraction by slit through a Robo/DCC receptor complex: Science, v. 291, p. 1928-38.

Steinle, A. U., H. Weidenbach, M. Wagner, G. Adler, and R. M. Schmid, 1999, NF-kappaB/Rel activation in cerulein pancreatitis: Gastroenterology, v. 116, p. 420-30.

Strasser, A., P. J. Jost, and S. Nagata, 2009, The many roles of FAS receptor signaling in the immune system: Immunity, v. 30, p. 180-92.

Stupack, D. G., X. S. Puente, S. Boutsaboualoy, C. M. Storgard, and D. A. Cheresh, 2001, Apoptosis of adherent cells by recruitment of caspase-8 to unligated integrins: J Cell Biol, v. 155, p. 459-70.

Susin, S. A., H. K. Lorenzo, N. Zamzami, I. Marzo, B. E. Snow, G. M. Brothers, J. Mangion, E. Jacotot, P. Costantini, M. Loeffler, N. Larochette, D. R. Goodlett, R. Aebersold, D. P. Siderovski, J. M. Penninger, and G. Kroemer, 1999, Molecular characterization of mitochondrial apoptosis-inducing factor: Nature, v. 397, p. 441-6.

Suzuki, K., S. Hata, Y. Kawabata, and H. Sorimachi, 2004, Structure, activation, and biology of calpain: Diabetes, v. 53 Suppl 1, p. S12-8.

Suzuki, Y., Y. Imai, H. Nakayama, K. Takahashi, K. Takio, and R. Takahashi, 2001, A serine protease, HtrA2, is released from the mitochondria and interacts with XIAP, inducing cell death: Mol Cell, v. 8, p. 613-21.

Tait, S. W., and D. R. Green, 2008, Caspase-independent cell death: leaving the set without the final cut: Oncogene, v. 27, p. 6452-61.

Tamaki, M., T. Goi, Y. Hirono, K. Katayama, and A. Yamaguchi, 2004, PPP2R1B gene alterations inhibit interaction of PP2A-Abeta and PP2A-C proteins in colorectal cancers: Oncol Rep, v. 11, p. 655-9.

Tan, M. L., J. P. Ooi, N. Ismail, A. I. Moad, and T. S. Muhammad, 2009, Programmed cell death pathways and current antitumor targets: Pharm Res, v. 26, p. 1547-60.

Tang, X., S. W. Jang, M. Okada, C. B. Chan, Y. Feng, Y. Liu, S. W. Luo, Y. Hong, N. Rama, W. C. Xiong, P. Mehlen, and K. Ye, 2008, Netrin-1 mediates neuronal survival through PIKE-L interaction with the dependence receptor UNC5B: Nat Cell Biol, v. 10, p. 698-706.

Tanikawa, C., K. Matsuda, S. Fukuda, Y. Nakamura, and H. Arakawa, 2003, p53RDL1 regulates p53-dependent apoptosis: Nat Cell Biol, v. 5, p. 216-23.

Tauszig-Delamasure, S., L. Y. Yu, J. R. Cabrera, J. Bouzas-Rodriguez, C. Mermet-Bouvier, C. Guix, M. C. Bordeaux, U. Arumae, and P. Mehlen, 2007, The TrkC receptor induces apoptosis when the dependence receptor notion meets the neurotrophin paradigm: Proc Natl Acad Sci U S A, v. 104, p. 13361-6.

Teitz, T., T. Wei, M. B. Valentine, E. F. Vanin, J. Grenet, V. A. Valentine, F. G. Behm, A. T. Look, J. M. Lahti, and V. J. Kidd, 2000, Caspase 8 is deleted or silenced preferentially in childhood neuroblastomas with amplification of MYCN: Nat Med, v. 6, p. 529-35.

Temkin, V., Q. Huang, H. Liu, H. Osada, and R. M. Pope, 2006, Inhibition of ADP/ATP exchange in receptor-interacting protein-mediated necrosis: Mol Cell Biol, v. 26, p. 2215-25.

Thiagalingam, S., C. Lengauer, F. S. Leach, M. Schutte, S. A. Hahn, J. Overhauser, J. K. Willson, S. Markowitz, S. R. Hamilton, S. E. Kern, K. W. Kinzler, and B. Vogelstein, 1996, Evaluation of candidate tumour suppressor genes on chromosome 18 in colorectal cancers: Nat Genet, v. 13, p. 343-6.

Thibert, C., M. A. Teillet, F. Lapointe, L. Mazelin, N. M. Le Douarin, and P. Mehlen, 2003, Inhibition of neuroepithelial patched-induced apoptosis by sonic hedgehog: Science, v. 301, p. 843-6.

Thiebault, K., L. Mazelin, L. Pays, F. Llambi, M. O. Joly, J. Y. Scoazec, J. C. Saurin, G. Romeo, and P. Mehlen, 2003, The netrin-1 receptors UNC5H are putative tumor suppressors controlling cell death commitment: Proc Natl Acad Sci U S A, v. 100, p. 4173-8.

Tinel, A., and J. Tschopp, 2004, The PIDDosome, a protein complex implicated in activation of caspase-2 in response to genotoxic stress: Science, v. 304, p. 843-6.

Tulasne, D., J. Deheuninck, F. C. Lourenco, F. Lamballe, Z. Ji, C. Leroy, E. Puchois, A. Moumen, F. Maina, P. Mehlen, and V. Fafeur, 2004, Proapoptotic function of the MET tyrosine kinase receptor through caspase cleavage: Mol Cell Biol, v. 24, p. 10328-39.

Vande Walle, L., P. Van Damme, M. Lamkanfi, X. Saelens, J. Vandekerckhove, K. Gevaert, and P. Vandenabeele, 2007, Proteome-wide Identification of HtrA2/Omi Substrates: J Proteome Res, v. 6, p. 1006-15.

Verhagen, A. M., P. G. Ekert, M. Pakusch, J. Silke, L. M. Connolly, G. E. Reid, R. L. Moritz, R. J. Simpson, and D. L. Vaux, 2000, Identification of DIABLO, a mammalian protein that promotes apoptosis by binding to and antagonizing IAP proteins: Cell, v. 102, p. 43-53.

Vogler, M., H. Walczak, D. Stadel, T. L. Haas, F. Genze, M. Jovanovic, J. E. Gschwend, T. Simmet, K. M. Debatin, and S. Fulda, 2008, Targeting XIAP bypasses Bcl-2-mediated resistance to TRAIL and cooperates with TRAIL to suppress pancreatic cancer growth in vitro and in vivo: Cancer Res, v. 68, p. 7956-65.

Wajant, H., 2003, Death receptors: Essays Biochem, v. 39, p. 53-71.

Wang, H., T. Ozaki, M. Shamim Hossain, Y. Nakamura, T. Kamijo, X. Xue, and A. Nakagawara, 2008, A newly identified dependence receptor UNC5H4 is induced during DNA damage-mediated apoptosis and transcriptional target of tumor suppressor p53: Biochem Biophys Res Commun, v. 370, p. 594-8.

Wang, R., Z. Wei, H. Jin, H. Wu, C. Yu, W. Wen, L. N. Chan, Z. Wen, and M. Zhang, 2009a, Autoinhibition of UNC5b revealed by the cytoplasmic domain structure of the receptor: Mol Cell, v. 33, p. 692-703.

Wang, S. S., E. D. Esplin, J. L. Li, L. Huang, A. Gazdar, J. Minna, and G. A. Evans, 1998, Alterations of the PPP2R1B gene in human lung and colon cancer: Science, v. 282, p. 284-7.

Wang, W., W. B. Reeves, L. Pays, P. Mehlen, and G. Ramesh, 2009b, Netrin-1 overexpression protects kidney from ischemia reperfusion injury by suppressing apoptosis: Am J Pathol, v. 175, p. 1010-8.

Wang, W., W. B. Reeves, and G. Ramesh, 2009c, Netrin-1 increases proliferation and migration of renal proximal tubular epithelial cells via the UNC5B receptor: Am J Physiol Renal Physiol, v. 296, p. F723-9.

Warburton, D., M. Schwarz, D. Tefft, G. Flores-Delgado, K. D. Anderson, and W. V. Cardoso, 2000, The molecular basis of lung morphogenesis: Mech Dev, v. 92, p. 55-81.

Wiese, S., F. Metzger, B. Holtmann, and M. Sendtner, 1999, The role of p75NTR in modulating neurotrophin survival effects in developing motoneurons: Eur J Neurosci, v. 11, p. 1668-76.

Wiley, S. R., K. Schooley, P. J. Smolak, W. S. Din, C. P. Huang, J. K. Nicholl, G. R. Sutherland, T. D. Smith, C. Rauch, C. A. Smith, and et al., 1995, Identification and characterization of a new member of the TNF family that induces apoptosis: Immunity, v. 3, p. 673-82.

Williams, M. E., P. Strickland, K. Watanabe, and L. Hinck, 2003a, UNC5H1 induces apoptosis via its juxtamembrane region through an interaction with NRAGE: J Biol Chem, v. 278, p. 17483-90.

Williams, M. E., S. C. Wu, W. L. McKenna, and L. Hinck, 2003b, Surface expression of the netrin receptor UNC5H1 is regulated through a protein kinase C-interacting protein/protein kinase-dependent mechanism: J Neurosci, v. 23, p. 11279-88.

Wilson, D. J., K. A. Fortner, D. H. Lynch, R. R. Mattingly, I. G. Macara, J. A. Posada, and R. C. Budd, 1996, JNK, but not MAPK, activation is associated with Fas-mediated apoptosis in human T cells: Eur J Immunol, v. 26, p. 989-94.

Wilson, N. H., and B. Key, 2006, Neogenin interacts with RGMa and netrin-1 to guide axons within the embryonic vertebrate forebrain: Dev Biol, v. 296, p. 485-98.

Wolf, B. B., M. Schuler, W. Li, B. Eggers-Sedlet, W. Lee, P. Tailor, P. Fitzgerald, G. B. Mills, and D. R. Green, 2001, Defective cytochrome c-dependent caspase activation in ovarian cancer cell lines due to diminished or absent apoptotic protease activating factor-1 activity: J Biol Chem, v. 276, p. 34244-51.

Wu, G., J. Chai, T. L. Suber, J. W. Wu, C. Du, X. Wang, and Y. Shi, 2000, Structural basis of IAP recognition by Smac/DIABLO: Nature, v. 408, p. 1008-12.

Wu, L., J. A. Bernard-Trifilo, Y. Lim, S. T. Lim, S. K. Mitra, S. Uryu, M. Chen, C. J. Pallen, N. K. Cheung, D. Mikolon, A. Mielgo, D. G. Stupack, and D. D. Schlaepfer, 2008, Distinct FAK-Src activation events promote alpha5beta1 and alpha4beta1 integrin-stimulated neuroblastoma cell motility: Oncogene, v. 27, p. 1439-48.

Xue, D., and H. R. Horvitz, 1995, Inhibition of the Caenorhabditis elegans cell-death protease CED-3 by a CED-3 cleavage site in baculovirus p35 protein: Nature, v. 377, p. 248-51.

Yakovlev, A. G., S. Di Giovanni, G. Wang, W. Liu, B. Stoica, and A. I. Faden, 2004, BOK and NOXA are essential mediators of p53-dependent apoptosis: J Biol Chem, v. 279, p. 28367-74.

Yang, C. R., S. L. Hsieh, C. M. Teng, F. M. Ho, W. L. Su, and W. W. Lin, 2004, Soluble decoy receptor 3 induces angiogenesis by neutralization of TL1A, a cytokine belonging to tumor necrosis factor superfamily and exhibiting angiostatic action: Cancer Res, v. 64, p. 1122-9.

Yang, H. L., T. Eriksson, E. Vernersson, M. Vigny, B. Hallberg, and R. H. Palmer, 2007a, The ligand Jelly Belly (Jeb) activates the Drosophila Alk RTK to drive PC12 cell differentiation, but is unable to activate the mouse ALK RTK: J Exp Zool B Mol Dev Evol, v. 308, p. 269-82.

Yang, J., G. H. Fan, B. E. Wadzinski, H. Sakurai, and A. Richmond, 2001, Protein phosphatase 2A interacts with and directly dephosphorylates RelA: J Biol Chem, v. 276, p. 47828-33.

Yang, Y., L. Zou, Y. Wang, K. S. Xu, J. X. Zhang, and J. H. Zhang, 2007b, Axon guidance cue Netrin-1 has dual function in angiogenesis: Cancer Biol Ther, v. 6, p. 743-8.

Yebra, M., A. M. Montgomery, G. R. Diaferia, T. Kaido, S. Silletti, B. Perez, M. L. Just, S. Hildbrand, R. Hurford, E. Florkiewicz, M. Tessier-Lavigne, and V. Cirulli, 2003, Recognition of the neural chemoattractant Netrin-1 by integrins alpha6beta4 and alpha3beta1 regulates epithelial cell adhesion and migration: Dev Cell, v. 5, p. 695-707.

Yeh, L. S., Y. Y. Hsieh, J. G. Chang, W. W. Chang, C. C. Chang, and F. J. Tsai, 2007, Mutation analysis of the tumor suppressor gene PPP2R1B in human cervical cancer: Int J Gynecol Cancer, v. 17, p. 868-71.

Yeo, T. T., J. Chua-Couzens, L. L. Butcher, D. E. Bredesen, J. D. Cooper, J. S. Valletta, W. C. Mobley, and F. M. Longo, 1997, Absence of p75NTR causes increased basal forebrain cholinergic neuron size, choline acetyltransferase activity, and target innervation: J Neurosci, v. 17, p. 7594-605.

Yin, X. M., K. Wang, A. Gross, Y. Zhao, S. Zinkel, B. Klocke, K. A. Roth, and S. J. Korsmeyer, 1999, Bid-deficient mice are resistant to Fas-induced hepatocellular apoptosis: Nature, v. 400, p. 886-91.

Yoshida, H., Y. Y. Kong, R. Yoshida, A. J. Elia, A. Hakem, R. Hakem, J. M. Penninger, and T. W. Mak, 1998, Apaf1 is required for mitochondrial pathways of apoptosis and brain development: Cell, v. 94, p. 739-50.

Young, J. E., G. A. Garden, R. A. Martinez, F. Tanaka, C. M. Sandoval, A. C. Smith, B. L. Sopher, A. Lin, K. H. Fischbeck, L. M. Ellerby, R. S. Morrison, J. P. Taylor, and A. R. La Spada, 2009, Polyglutamine-expanded androgen receptor truncation fragments activate a Bax-dependent apoptotic cascade mediated by DP5/Hrk: J Neurosci, v. 29, p. 1987-97.

Yu, J. W., P. D. Jeffrey, and Y. Shi, 2009, Mechanism of procaspase-8 activation by c-FLIPL: Proc Natl Acad Sci U S A, v. 106, p. 8169-74.

Yu, J. W., and Y. Shi, 2008, FLIP and the death effector domain family: Oncogene, v. 27, p. 6216-27.

Yu, X., D. Acehan, J. F. Menetret, C. R. Booth, S. J. Ludtke, S. J. Riedl, Y. Shi, X. Wang, and C. W. Akey, 2005, A structure of the human apoptosome at 12.8 A resolution provides insights into this cell death platform: Structure, v. 13, p. 1725-35.

Zermati, Y., C. Garrido, S. Amsellem, S. Fishelson, D. Bouscary, F. Valensi, B. Varet, E. Solary, and O. Hermine, 2001, Caspase activation is required for terminal erythroid differentiation: J Exp Med, v. 193, p. 247-54.

Zerp, S. F., R. Stoter, G. Kuipers, D. Yang, M. E. Lippman, W. J. van Blitterswijk, H. Bartelink, R. Rooswinkel, V. Lafleur, and M. Verheij, 2009, AT-101, a small molecule inhibitor of anti-apoptotic Bcl-2 family members, activates the SAPK/JNK pathway and enhances radiation-induced apoptosis: Radiat Oncol, v. 4, p. 47.

Zhang, L., and B. Fang, 2005, Mechanisms of resistance to TRAIL-induced apoptosis in cancer: Cancer Gene Ther, v. 12, p. 228-37.

Zhang, Y., and B. Zhang, 2008, TRAIL resistance of breast cancer cells is associated with constitutive endocytosis of death receptors 4 and 5: Mol Cancer Res, v. 6, p. 1861-71.

Annexe I : Revue

Patrick Mehlen and Céline Guenebeaud,

Current Opinion in Oncology, accepté en 2009

Netrin-1 and its dependence receptors as original targets for cancer therapy

Ces partenaires peuvent être regroupés par leur fonction. On retrouve des effecteurs de l'apoptose (en gris), des protéines kinases et phosphatase (en rose), des récepteurs transmembranaires (en jaune), des protéines de transport et de structure (en vert), des régulateurs transcriptionnels et traductionnels (en bleu) et d'autres protéines avec des fonctions isolées (en blanc)

I

	Gène potentiel	fonction	rôle apoptotique ?	références
protéines obtenues après BLAST des séquences siRNA	Pyruvate Dehydrogenase catalytic subunit (match : 15/27nt)	Protéine impliquée dans le métabolisme du pyruvate	?	
	F-Box protein 48 (FBXO48) (match : 18/27nt)	Régulateur de la stabilité protéique. Cibles inconnues	?	
	UNC119	Protéine adaptatrice impliquée dans le développement du système nerveux ; régulatrice de l'endocytose et capable de stimuler Fyn et p38MAPK	plutôt antiapoptotique	Vepachedu J immuno 2007 ; Rieten cell reprod 2004
	Neogenin-1 homolog	Récepteur transmembranaire. Fonction inconnue	?	
	Fyn Binding Protein (FYB 120/130)	Protéine liant et activant la protéine kinase Fyn	plutôt antiapoptotique	
	Growth/al cystine knot superfamily homolog (16/27nt)	Antagoniste des BMP (Bone Morphogenetic Protein) impliquée dans l'inhibition de la différenciation	?	Kawato STAR 2007

VII

180

Annexe III : Tableau récapitulatif des partenaires potentiels de la signalisation pro–apoptotique induite par les récepteurs UNC5H en absence de Nétrine-1 et identifié après nBLAST des séquences siRNA

VI

Régulateurs transcriptionnels et post-transcriptionnels	U2AF homolog (U2 small nuclear RNA associated homolog)	-	Protéine s'associant aux petits ARN nucléaires	↑	
	Tut1/... Zinc Finger protein 36 (ZFP36L2)	-	Facteur modulant la traduction, induit au cours de l'apoptose induite par p53	plutôt pro-apoptotique	(référence)
	Zinc finger protein 112 (KRAB family)	-	Protéine en doigt de zinc à fonction régulant a priori la transcription mais dont les cibles de sont pas connues	↑	
	UDP-N-acétyl-alpha-D-galactosamine polypeptide N-acétylgalactosaminyltransférase 4 (GalNAc-T4)	-	Transférase capable de réaliser des modifications post-traductionnelles (transfert de groupement acétylgalactosaminyltransférase) qui moduleraient l'activité de protéines cibles	↑	
	KH domain containing RNA binding signal transduction associated 1 (KHDRBS1 / Sam68)	-	Régulateur transcriptionnel et post-transcriptionnel impliqué dans l'apoptose, le métabolisme de l'ARN et la régulation du cycle cellulaire	plutôt anti-apoptotique	(référence)
autres protéines	mature T cell proliferation 1, nuclear gene encoding mitochondrial protein (MTCP1)	PLAGL2 (match: 15/24 nt)	Protéine activatrice d'Akt, surexprimée dans les leucémies	plutôt anti-apoptotique	(référence)
	TXK-fused gene	-	Protéine cofacteur de c-fos et capable d'activer NFKB	plutôt anti-apoptotique	(référence)
	BCL-6 (B-Cell Lymphoma)	-	Protéine anti-apoptotique impliquée notamment dans les lymphomes et le cancer du sein (mode d'action inconnu)	plutôt anti-apoptotique	(référence)
	MMP-26	Nitrogenin Homolog 1 (match 13/20nt)	Métalloprotéine impliquée dans le développement et fréquemment surexprimée dans les cancers	↑	(référence)
	Pleiomorphic adenoma gene like-2 (PLAGL2)	-	Facteur de transcription participant à la dégradation de p53	plutôt anti-apoptotique	(référence)
	Sec23 homolog A	-	Fonction inconnue	↑	
	Fibrinogen A chaîne/beta	-	Protéine pro-inflammatoire impliquée dans la coagulation	↑	
	Caseine Beta	-	Fonction inconnue	↑	
	S-phase associated protein kinase 2 (SKP2)	-	Protéine kinase régulant le cycle cellulaire		(référence)
	complement component 8	Skan/an1 (match:16/27nt)	Facteur du complément participant à l'élimination de pathogènes	↑	
	prostaglandin endoperoxide synthase 1 (COX1)	-	Fréquemment perdu dans les cancers du sein et rôle anti-apoptotique via la régulation d'Akt. Cox1 est également capable d'induire Fas (pro-apoptotique)	pro- et anti-apoptotique	(référence)
	ELOVL family member 5 (EVOL5)	-	Protéine impliquée dans la synthèse des sphingolipides	↑	(référence)
	Cyclin dependent kinase inhibitor 1B (p27, KIP1)	-	Protéine régulatrice du cycle cellulaire	↑	
	Pyruvate Dehydrogenase catalytic subunit 1 (match:15/27nt)	-	Protéine impliquée dans le métabolisme du pyruvate	↑	

	L'ostéonectine (SEDLA)	+	protéine matricielle impliquée dans la régénération osseuse/osteolotique	(pro-tumeur pro- et anti-apoptotique)	Littérature
	osselet (OSEL)	+	protéine de structure	?	
	Kinesin Family member 13 (KIF13)	-	protéine de transport cytosquelettique impliquée dans la mitose et dans la migration et le développement neuronal	+	
	MTRF1 (Mitochondrial translational release factor 1)	Pyruvate Deshydrogenase catalytic subunit (match: 15/21nt)	Protéine d'origine mitochondriale capable de lier l'ADN. Fonction inconnue	?	
	Voltage gated channel shaker related 8 member 3 (KCNAB3)	F-Box protein 48 (match: 18/21nt)	Transporteur de potassium intracellulaire	?	
Protéines de transport et de structure	Microtubule associated protein 1 (MAP1)	-	?	?	
	Blocked early in transport 1 homolog (BET1)	-	Facteur impliqué dans le transport de l'appareil du réticulum vers l'appareil de golgi	?	
	Thymopoietin 1 bis (TMPO-1A)	-	Protéine exprimée dans les noyaux (Neuroblastome et postnatal) et impliquée dans le remodelage cytosquelettique	?	
	Microtubule-actin crosslinking factor 1 (MACF1)	-	Plakine (élément cytosquelettique) liée à l'appareil de Golgi, protéine structurale	?	
	neuroplastin 32 (TRP-NM3)	UNC119 (15/20nt)	Protéines membranaires impliquées dans l'adhésion cellule-cellule	?	
	EVH domain binding protein	Fyn Binding Protein	Protéine impliquée dans le modelage du cytosquelette	?	
	Translocase of inner Mitochondrial membrane 13 homolog	+	Protéine de transport mitochondriale	?	
	Golgi Vesicular membrane trafficking protein p18	+	Protéine de transport	?	
	Karyopherin alpha (importin alpha)	+	Transporteur intracellulaire	?	

N

	gènes ciblés par le siRNA (résultats issus d'un BLAST des séquences)	nom gène protéine/ protéine cible	type de protéine et fonction	lien connu avec l'apoptose ?	✓
Effecteurs de l'apoptose	Cathepsin Z (CTSZ)	-	Protéase à cystéine dont les substrats n'ont pas encore été identifiés	?	Kawamura / Mori Cancer 2005
	poly-ADP ribose glycohydrolase (PARG)	-	Glycohydrolase qui participe à l'activation de PARP au cours de l'apoptose	plutôt pro-apoptotique	Zanh J 2006 Koh J et al
Protéines kinases et phosphatases	protéine tyrosine phosphatase, récepteur type 4 (PTPR4)	-	récepteur transmembranaire à activité tyrosine kinase, inhibiteur de la régulation potentiel de l'inflammation du colon	plutôt pro-apoptotique	Mori, Science 2008 / Maus GastR est 2007
	protein phosphatase 2A (formerly 2C) magnesium dependent phosphatase (PP2d1A)	-	sérine/thréonine protéine phosphatase impliquée dans la régulation du stress, de l'apoptose, de la survie et de la différenciation mais substrats peu connus	plutôt pro-apoptotique	dsi, cell 2008
	Protein phosphatase 2 (formerly 2A) subunit A (PR65), ß isoform (PPP2R1B)	-			
	A kinase (PRKA) anchor protein 13 (AKAP13)	-	Protéine kinase régulatrice de l'activité de la PKA	?	Mohan et al anno Sci Structural ensciel 2005
	Pyrophosphatase (inorganic) 1 (PPA1)	-	Protéine phosphatase impliquée dans la production collagène I	?	Dubendia, 2000 : Naru
	serine/threonine kinase 20 (STE20 homolog)	-	sérine/thréonine protéine phosphatase activée notamment en stimulus pro-apoptotique par déphosphorylation impliquant PP2A ; contribuerait à l'apoptose en phosphorylant certains facteurs de transcription (FOXO) et d'autres substrats cytoplasmiques	plutôt pro-apoptotique	Kale Thrasell survival 2005
	CHK1 checkpoint homolog (CHEK1)	-	protéine kinase impliquée dans l'arrêt du cycle cellulaire et associée à la progression tumorale	plutôt anti-apoptotique	Gek Malcouds Tierion Res 2004
	mitogen activated protein kinase 8 (MAPK8)	-	Sérine/Thréonine kinase de type MAPK mais dont les cibles ne sont pas connues	?	
	STE-20 like protein kinase 3 (STK3)	-	homologue de STE-20	plutôt pro-apoptotique	

B

184